物理世界奇遇记

Mr. Tompkins in Paperback

[美] 乔治·伽莫夫 著　阳曦 译

台海出版社

果麦文化 出品

这部平装本著作收录了伽莫夫教授的两部著名作品:《汤普金斯先生漫游奇境》及《汤普金斯先生探索原子》。书中增加了一些关于裂变、聚变、稳定态宇宙及基本粒子的新故事和插图。

　　伽莫夫教授为物理学做出了许多杰出的贡献。在这本书里,他通过银行职员汤普金斯先生充满想象力的梦境和原子世界的冒险历程向我们介绍了现代物理学的各种概念。

1961年版前言

1938年冬，我写了一篇很短的科学幻想故事（不是科幻故事）。在这个故事里，我试图向普通读者解释空间弯曲和宇宙膨胀的基本概念。为了完成这个目标，我决定将现实世界里实际存在的相对论现象进行一定的夸张，好让故事的主角——C. G. H. 汤普金斯（一位对现代科学很感兴趣的银行职员）轻松观察到。

我将这份手稿寄给了《哈珀斯杂志》，不过就像所有新人作者一样，我收到了一封退稿信。后来我又找了五六家杂志，但都无疾而终。于是我把手稿收进书桌抽屉，彻底忘了这事儿。同一年的夏天，我去华沙参加了国际联盟举办的国际理论物理大会。我端着一杯上好的波兰蜂蜜酒跟老朋友查尔斯·达尔文爵士聊天——他是那位查尔斯·达尔文（《物种起源》作者）的孙子——话题渐渐转向了科普。我跟他讲了这份手稿的不幸遭遇，于是他说："你看，伽莫夫，等你回到美国以后，不妨把那份稿子找出来寄给 C. P. 斯诺博士，他在剑桥大学出版社的科普杂志《发现》做编辑。"

我听从了他的建议，一周后，我收到了斯诺发来的电报，上面写道："您的文章将刊登在下一期杂志上，请惠赐下文。"一系列以汤普金斯先生为主角的故事就这样出现在下面几期的《发现》杂志上，这些故事介绍了相对论和量子理论的基础知识。不久后我收到了剑桥大学出版社的一封信，他们建议我增补几个故事，将这个系列结集成书。1940 年，剑桥大学出版社推出了这本名叫《汤普金斯先生漫游奇境记》的小书，后来这本书重印了 16 次。它的续集《汤普金斯先生探索原子》出版于 1944 年，迄今为止重印了 9 次。另外，这两本书都被翻译成了几乎所有的欧洲语言（除了俄语以外），除此以外还有中文和印地语版本。

最近，剑桥大学出版社决定将这两本书整合到一起，推出一部平装单行本，于是他们请我更新书中陈旧的素材，再增加几个新的故事，介绍近年来物理学及相关领域的新进展。于是我不得不增补了一些关于裂变、聚变、稳定态宇宙和基本粒子的有趣问题。它们共同构成了你现在看到的这本书。

关于书中的插图，我必须多说几句。《发现》杂志最初刊登的文章以及第一版单行本的插图都出自约翰·胡克汉姆先生之手，他创造了汤普金斯先生的脸部形象。不过到了我创作续集的时候，胡克汉姆先生已经不做插画师了，于是我决定亲自画插图，但我忠实地延续了胡克汉姆的风格。目前这个版本中的新插图也是我自己画的，书中的打油诗和歌词则出自我的妻子芭芭拉之手。

G. 伽莫夫

科罗拉多大学，美国科罗拉多州博尔德市

C. G. H.：汤普金斯先生名字里的这几个缩写字母来自三个基本物理常数：光速 c，引力常数 G 和量子常数 h。要让大街上的汤普金斯先生轻松观察到它们产生的效应，这几个常数必须改变很多很多倍。

引子

　　我们从孩提时起就逐渐习惯了自己通过五感感知到的世界；关于空间、时间和运动的基本观念都形成于这个思维发育的阶段。我们的头脑很快就习惯了这些观念，等到长大以后，我们也很容易相信，基于这些观念形成的对外部世界的认识是唯一的可能，任何想要改变这些基本观念的尝试都荒谬透顶。但随着物理学的观察手段发展得越来越精密，通过对观察结果的深入分析，现代科学得出了一个确凿无疑的结论：这些"经典"的观念完全无法解释诸多超乎日常经验的具体现象，要正确、统一地解释我们新发现的这些效应，空间、时间和运动的基本观念必须做出改变。

　　不过，从日常生活能够体验到的层面上说，经典概念和现代物理的分歧其实微乎其微。不过，如果我们想象一个基本物理规则和我们这个世界完全相同，但物理常数的数字值（这些常数决定了经典概念的适用范围）却大不一样的世界，那么如今我们经过长期深入研究才发现的关于空间、时间和运动的正确概念就会变成人尽皆知的常识。我们或许可以说，在这样一个世界里，哪怕最原始的野蛮人都会熟知相对论和量子理论的原理，他还会利用这些规则捕捉猎物、满足自己的日常需求。

我们的故事主角通过梦境进入了几个这样的世界，于是那些平常根本接触不到的现象都变成了日常生活中司空见惯的事情。这些稀奇古怪的梦境背后有着坚实的科学基础，一位老物理学教授（他的女儿莫德后来嫁给了汤普金斯先生）始终陪伴在我们的主角身边，用简单的语言向他解释相对论、宇宙学、量子理论、原子与原子核结构、基本粒子等千奇百怪的世界中那些不同寻常的现象。希望汤普金斯先生的离奇经历能够帮助感兴趣的读者为我们生活于其中的这个真实的物理世界描绘一幅更清晰的图景。

目录

1 限速城市

这一天是银行的休息日，大城市里的小银行职员汤普金斯先生睡到很晚才起床，然后舒舒服服地吃了顿早餐。今天该干点什么呢？他本来打算下午看场电影，于是他打开晨报翻到娱乐版，但却没找到哪怕一部感兴趣的片子。他早就厌烦了好莱坞的这些玩意儿，除了明星和没完没了的绯闻外简直乏善可陈。

他想看的是真正的冒险电影，有点儿不同寻常甚至异想天开的东西，哪怕一部也好。但现在却一部都没有。他的视线漫不经心地落到了角落里的一则小广告上。本地大学正在举办一系列现代物理讲座，今天下午的讲座介绍的是爱因斯坦的相对论。哎哟，这没准有点意思！他常听人说，世界上真正懂得相对论的人只有一打。也许他可以成为第十三个！这场讲座他一定得听，也许这正是他需要的东西。

汤普金斯先生走进学校大礼堂的时候，讲座已经开始

全是些好莱坞的陈腔滥调！

了。房间里挤满了学生，其中大部分很年轻，他们都在专心听讲；一位留着白胡子的高个子男人站在黑板前方，努力向听众解释相对论的基本概念。但对于爱因斯坦的理论，汤普金斯先生的了解十分有限。他只知道相对论提出了一个速度上限，也就是光速，任何运动物体的速度都不可能超过光速，这造成了一些十分古怪的后果。不过教授告诉大家，光速高达每秒186000英里，所以我们在日常生活中很难观察到相对论效应。这些奇怪的效应理解起来真的很难，汤普金斯先生觉得它们完全违反常识。他努力去想象缩短的棍子和乱转的钟表——接近光速的物体会产生这种效应——但他的头却越垂越低。

当他再次睁开眼睛，却发现自己不知怎么离开了大学礼堂，现在他正坐在公交车站的长凳上。这是一座漂亮的老城，街道两旁矗立着一幢幢中世纪学院风建筑。他觉得自己肯定是在做梦，但他惊讶地发现，周围一切如常；就连对面街角站着的那位警察也和平日里他看到的警察一模一样。街道尽头高塔上的大钟正在指向五点，大街上几乎空无一人，只有一个人骑着自行车慢悠悠地晃了过来。随着这位骑行者不断靠近，汤普金斯先生不由得惊讶地瞪大了眼睛，因为自行车和车上的年轻人都沿着运动方向不可思议地被压扁了，就像你透过柱面镜看到的那样。塔顶的钟敲响了五点，骑行者显然有些着急，于是他更卖力地蹬起了踏板。汤普金斯先生没发现他的速度加快了多少，但他的身体却明显变得更扁了，看起来就像从纸板上剪下来的一样。

汤普金斯先生觉得十分自豪，因为他一下子理解了眼前的景象——骑行者之所以会变扁，不过是运动物体的收缩而已，他刚听教授讲过。"显然，这里的天然限速更低，"他暗自总结，"所以街角那位警察看起来才这么无精打采，因为他不需要打起精神去盯超速的家伙。"事实上，就在这时候，一辆出租车轰鸣着从街道另一头驶来，但它的速度并不比骑行者快多少，看起来简直是在蠕动。汤普金斯先生决定追上那位骑行者，跟他聊聊这些事儿，因为对方看

不可思议地压扁了

起来很面善。趁着警察不注意，汤普金斯先生从路边"借"了一辆自行车，沿着街道追了上去。

　　他以为自己马上会被压扁，这让他有些窃喜，因为最近他正为体型发福暗自焦虑。但让汤普金斯先生大吃一惊的是，他的身体和屁股下面的自行车都毫无变化，周围的景象却完全变了。街道缩短了，商店的橱窗收成了一条条

街区变得更短了

窄缝，街角的警察也变成了一根麻秆——他这辈子从没见过这么瘦的人。

"天哪！"汤普金斯先生兴奋地嚷道，"我明白啦。原来爱因斯坦理论里的'相对'是这个意思！相对于正在踩脚踏板的我来说，一切运动的物体都会变短。"汤普金斯先生是个好骑手，他拼命想追上前面的年轻人，却怎么都提不起速度。无论他多么努力地踩脚踏板，自行车的速度都毫无变化。他蹬得腿都疼了，自行车经过每一根路灯柱子花费的时间却并不比刚起步时更少。他所有的努力似乎完全是白费劲儿。现在他终于明白刚才看到的骑行者和出租车为什么跑得那么慢了，于是他想起教授说过，任何运动物体都不可能超过光速的限制。不过汤普金斯先生还注意到，身旁的街区变得比刚才更短，现在他离前面那位骑行者已经没两步了。到了下一个拐角，他终于追上了对方；两个人肩并肩地骑了一会儿以后，汤普金斯先生惊讶地发现，这位骑行者其实是个充满运动气息的普通年轻人。"噢，这一定是因为我们现在相对于彼此是静止的。"他想道。然后他跟这位年轻人打了个招呼。

"打扰了，先生！"他说，"你有没有觉得在这样一座低限速的城市里生活有些不方便？"

"限速？"对方惊讶地回答，"我们这儿没有任何限速！只要我愿意，我想跑多快就能跑多快——如果我骑的是摩托车而不是现在这辆破车的话！"

"但刚才你从我身边经过的时候骑得很慢，"汤普金斯先生说，"所以我才注意到了你。"

"喔，是吗？"年轻人显然有些光火，"那你大概没注意，从你跟我说话开始，我们已经骑过了五个街区。难道你觉得这还不够快吗？"

"可是街道都变短了。"汤普金斯先生表示反对。

"是我们骑得更快了还是街道变得更短了，有区别吗？要去邮局的话，我得骑过十个街区，只要我用力踩脚踏板，街区就会变短，我也能更快到达目的地。事实上，我们已经到了。"说话间年轻人已经下了车。

汤普金斯先生看了看邮局的钟，钟面上显示的时间是五点半。"哈！"他得意地说，"不管怎么说，你花了半个小时才骑了十个街区——我第一次看到你的时候才刚刚五点！"

"那你注意过这半个小时过得有多快吗？"年轻人反问道。汤普金斯先生不得不承认，感觉确实像是只过了几分钟。更重要的是，他抬起手腕，发现自己的手表指着五点零五分。"哎呀！"他说，"是邮局的钟快了吗？""当然，或者说你的表慢了，因为你的运动速度太快。话说回来，你这人到底有什么毛病？难道你是从月球来的吗？"说完这句，年轻人扭头走进了邮局。

跟年轻人聊完天以后，汤普金斯先生这才觉得，没有教授在身边为他解释这些奇怪的事情实在是太遗憾了。这位年轻人显然是本地的原住民，恐怕他还没学会走路就习惯了这些怪事儿，所以汤普金斯先生只能独自探索这个奇怪的世界。他借着邮局的钟校准了手表，还特地等了十分钟观察它们的时间是不是对得上。手表没问题。汤普金斯先生沿着街道继续向前骑行，前面有座火车站，他决定再对一对表。让他深感惊讶的是，现在他的手表又慢了一点。"呃，这肯定也是某种相对论效应。"他想道，然后决定找个比那位年轻骑行者更睿智的人问问。

机会很快来了。一位大约四十多岁的先生下了火车，走向出站口。迎接他的是一位看起来很老的女士，但让汤普金斯先生大吃一惊的是，这位女士嘴里喊的是"亲爱的祖父"。汤普金斯先生简直不敢相信自己的耳朵。他借口帮忙搬运行李，跟他们搭上了话。

"抱歉，我无意刺探您的家庭事务，"他说，"但您真的是这位可敬的老奶奶的祖父吗？您看，我是个外乡人，我从没……""噢，我明白了，"中年男士捋着小胡子咧嘴笑了，"你大概把我当成流浪的犹太人①了。但事情其实很简单。为了生意，我常常需要东奔西跑；正是因为我坐火车的时间太多，所以我自然比生活在城市里的亲人老得慢。这次回来能看到我亲爱的小孙女还活着，我真是太高兴了！不过请原谅，我得跟她一起坐出租车回家了。"他快步走远了，只剩下汤普金斯先生带着一肚子的问题留在原地。车站小卖部的三明治让他的思维重新活跃起来，他甚至觉得自己发现了相对论的矛盾之处。

"是的，当然，"他一边呷着咖啡一边沉思，"如果一切都是相对的，那么亲属眼里的旅行者应该很老，旅行者眼里的亲属应该也一样老，虽然事实上他们可能都很年轻。但无论如何，这都解释不了我刚才亲眼看到的那一幕：灰白的头发可不管什么相对不相对！"他决定最后努力一次，看看能不能弄清这到底是怎么回事，他的目光落到了餐厅里一位穿着车站制服的男人身上。

"先生，你能不能发发善心，"他开口说道，"跟我讲讲，和待在原地一直不动的人相比，火车上的乘客衰老的

---

① 欧洲神话传说中长生不老的人。——译注（本书注释如无特殊说明均为译注）

速度要慢得多，这到底是什么原因造成的呢？"

"是我造成的。"男人一口答道。

"哎呀！"汤普金斯先生喊道，"难道你找到了古代炼金术士梦寐以求的贤者之石①？你一定是医学界的名人吧。你是这儿的医生吗？"

"不是，"男人似乎被他的反应吓了一大跳，"我只是车站的司闸员而已。"

"司闸员！你是说……"汤普金斯先生完全糊涂了，"你是说——你只负责给进站的火车刹车？"

"是的，这就是我的工作：火车每次减速的时候，乘客相对于其他人的年龄就会出现增长。当然，"他谦虚地补充道，"负责给火车加速的司机也有一定贡献。"

"但这和长生不老有什么关系呢？"汤普金斯先生惊讶地问道。

"呃，具体的原理我也不懂，"司闸员回答，"但事情就是这样的。我问过一位乘车的大学教授，他说了一大堆我听不懂的话，最后他说，这有点像'太阳的引力红移'——我想他当时是这么说的。你听说过'红移'之类的事儿吗？"

"没有。"汤普金斯先生回答。他还有些疑惑，但司闸员跟他握了握手就走开了。

---

① 欧洲传说中能够点石成金、制造不死药、医治百病的神奇石头。

他突然觉得有人正在用力摇晃他的肩膀，然后汤普金斯先生发现自己坐的地方根本不是火车站的咖啡厅，而是刚才教授讲课的那间大礼堂。周围的光线十分昏暗，房间里空荡荡的。刚才摇醒他的那位门房说："我们要关门了，先生；如果您想睡觉的话，最好回家去吧。"于是汤普金斯先生站起身来，走向出口。

2 让汤普金斯先生进入梦境的相对论讲座

女士们，先生们：

早在文明发展的原始阶段，人类的头脑中就形成了时空的明确概念，各种各样的事件都发生在时间和空间构成的框架中。这些概念代代相传，从未发生过太大的变化；自精密科学诞生以来，我们开始用数学描述宇宙，时间和空间的概念也顺理成章地融入了这套体系的基础之中。伟大的牛顿可能是第一个明确提出经典时空概念的人，他在《自然哲学的数学原理》中写道：

"从本质上说，绝对的空间与外部的任何事物无关，它始终静止不变。"还有，"从本质上说，绝对的、真实的数学时间始终均匀流逝，与外部任何事物无关。"

人们对这套经典的时空观深信不疑，哲学家常常将它当作先验的真理，甚至没有任何一位科学家想过对它提出质疑。

不过，到了 20 世纪初，人们通过最精密的物理实验方法观测到了许多经典时空观无法解释的矛盾结果。当代最伟大的物理学家阿尔伯特·爱因斯坦由此提出了一个革命性的想法：如果抛开传统的束缚，我们没有任何理由认为经典时空观就一定是对的，为了适应最新、最精密的观测结果，原有的概念必须做出修正。事实上，经典时空观基于人类的日常体验，而当代的精密观测手段基于先进的实验技术，由此得出有悖于"常识"的新结果也不足为奇；这些最新的观测结果表明，我们原来的时空观过于粗糙，一点儿也不精确，它之所以能满足日常生活和物理学发展早期阶段的需求，仅仅因为它和真正正确的概念相差甚微。我们同样不必感到惊讶的是，现代科学的飞速发展引领我们走进了全新的领域，在这个世界里，经典时空观和真理之间的区别被放大到了无法忽视的程度，旧的概念根本无法解释新的现象。

我们发现了一个彻底动摇经典时空观的最重要的实验结果：真空光速代表着所有物理速度的可能上限。这个重要但却出乎意料的结论主要来自美国物理学家迈克耳孙（Michelson）的实验。19世纪末，迈克耳孙试图观察地球的运动如何影响光传播的速度，结果他（和整个科学世界）惊讶地发现，地球运动完全不会影响光的传播，真空光速始终恒定不变，彻底独立于任何参考系和光源的运动。不用说，这个结果非常惊人，而且完全不符合运动最基本的概念。事实上，如果你高速迎向某件在空间中高速运动的物体，那么该物体将以更大的相对速度与你相撞，这个速度应该等于物体与观测者的速度之和。从另一方面来说，如果你试图逃离这件物体，那么它将从背后以更小的速度击中你，你们之间的相对速度等于二者的速度之差。

同样地，如果你坐在一辆运动的汽车里，迎面驶向空气中的一道声波，那么你在车中测量到的音速应该等于实际音速加上车速；但要是汽车的行驶方向和声波的传播方向相同，那么你测量到的音速等于实际音速减去车速。这就是速度的加法定理，我们通常认为它是一条不证自明的真理。

但是，最精密的实验表明，速度的加法定理无法应用于光，无论观测者以什么速度运动，真空中的光速始终是恒定的每秒 300000 千米（我们通常用符号 c 来指代这个值）。

"好吧，"你也许会说，"难道我们就不能通过物理手段获得几个比较小的速度，然后把它们统统加起来，最终得到超过光速的结果吗？"

比如说，我们可以设想一辆跑得很快的火车。假设火车的运动速度等于光速的四分之三，与此同时，车顶上有一位流浪汉沿着车厢向前奔跑，他的速度同样是光速的四分之三。

根据加法定理，流浪汉和火车的速度加起来等于 1.5 倍光速，所以这个人应该跑得比一盏灯射出的光束还快。

但事实上，因为我们已经通过实验证明了光速恒定，所以流浪汉的实际速度必然小于我们的预期——它不可能超过临界值 c，因此我们可以得出结论，对于那些更小的速度而言，加法定理肯定也有问题。

我不想用数学形式来阐述这个问题，你只需要知道，计算两个运动物体叠加速度的新公式其实非常简单。

如果你想知道 v_1 和 v_2 两个速度之和，那么可以利用下面这个公式：

$$V = \frac{v_1 \pm v_2}{1 \pm \frac{v_1 v_2}{c^2}} \quad (1)$$

通过这个公式我们可以看到，如果两个初始速度都很小，我是说远小于光速，那么公式（1）中分母的第二个项小得可以忽略不计，我们最终得到的结果和经典的加法定理完全相同。但是，如果 v_1 和 v_2 的值比较大，那么公式（1）算出的结果必然小于二者的算术和。举个例子，说回刚才那个在火车顶上奔跑的流浪汉，$v_1 = \frac{3}{4}c$，$v_2 = \frac{3}{4}c$，根据公式计算得出，$V = \frac{24}{25}c$，仍然小于光速。

特定情况下，如果某个初始速度正好等于光速 c，那么不管第二个速度是多少，公式（1）算出的结果始终等于 c。因此，你无论将多少个速度叠加在一起都不可能超过光速。

你或许还愿意知道，这个公式已经得到了实验验证，我们的确发现，两个速度叠加的结果始终小于它们的算术和。

知道了速度上限的存在，我们可以开始试图挑战经典的时空观，眼下的第一个目标就是基于经典时空观的"同时"的概念。

当你说出"开普敦附近的矿场发生爆炸的时候，你正好在伦敦的公寓里吃火腿和鸡蛋"这句话的时候，你觉得你完全明白自己在说什么。但我很快就会向你证明，其实你不明白；严格说来，这句表述没有确切的意义。事实上，你打算用什么办法来检验不同地点的两个事件是否同时发生呢？你大概会说，两个地方的钟显示的时间一样啊。但接下来我们就要问了：你如何保证不同地点的两口钟在同一时间显示的数值就真的完全一样呢？于是我们又回到了最初的那个问题。

真空中的光速完全不受参考系和光源运动的影响，基于这个最明确的事实，要测量距离、正确设置不同观测点的时钟，下面我介绍的方法应该是最合理的，仔细思考之下你会发现，实际上这也是唯一合理的办法。

一个光信号从 A 点传往 B 点，B 点收到信号以后立即将它送回 A 点。这样一来，AB 之间的距离应该等于 A 点收发信号间隔时间的一半乘以常数光速。

如果光信号到达 B 点时，B 点的时钟显示的时间等于 A 点收发信号时间的中值，那么我们可以说，A 点和 B 点的时钟显示的时间完全相同。利用火箭上两个不同的观测点，我们最终建立了一个理想的参考系，从此以后，我们可以回答不同地点的两个事件是否同时发生（或者时间间隔是多少）的问题。

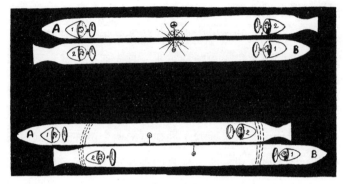

两个反向运动的平台

但其他参考系下的观测者是否认可这个结果呢？要回答这个问题，我们不妨在两个不同的火箭上分别建立一个参考系，例如两枚以恒定速度反向运动的长火箭，现在我们可以看看，这两个参考系如何互相验证。假设四位观测者分别位于两枚火箭的头部和尾部，首先，他们试图对表。每对观测者都可以利用我们上面描述的办法来对表，比如说，他们可以从火箭中点（利用尺子测量确定）发射一个光信号，当这个信号到达火箭两端时，观测者将时间设为零。如上所述，每对观测者就此定义了自身系统内部的同时性，当然，从他们自己的角度来看，他们的表都"对好了"。

现在，他们决定观察一下另一枚火箭上的时间和自己这边是否相同。比如说，两枚火箭擦肩而过的时候，不同火箭上的两位观测者的表显示的时间一样吗？要回答这个问题，我们可以采用下面的办法：在两枚火箭的几何中点分别放置一个带电导体，火箭擦肩而过的时候，两个导体之间会产生电火花，因此两个光信号将从两枚火箭的中点分别传向它的头部和尾部。光信号速度恒定，所以当它分别到达几位观测者所在的位置时，火箭的相对位置必然已经发生变化，2A 和 2B 两位观测者与光源之间的距离比 1A 和 1B 更近。

显然，光信号到达观测者 2A 所在的位置时，观测者 1B 还没收到信号，所以光信号需要花费更多的时间才能传到 1B 的位置。因此，如果 1B 将自己收到信号的时间设为零点，那么观测者 2A 一定会认为他的表慢了。

基于同样的道理，观测者 1A 也会认为 2B（后者收到信号的时间比他早）的表快了。按照他们对同时性的定义，每个人都认为自己的表是准的，火箭 A 上的观测者会认为火箭 B 上的两位观测者的表显示的时间不一样。可是别忘了，出于同样的原因，火箭 B 上的观测者觉得自己的表是准的，火箭 A 上那两位观测者的表才有问题。

由于两枚火箭完全相同，要平息两组观测者的争端，我们只能说，从他们自己的角度来看，两组观测者都是对的，但谁才是"绝对"正确的呢？从物理学的角度来说，这个问题没有意义。

这些冗长的讨论恐怕已经让你累得够呛，但如果仔细听完，你会清晰地发现，只要采用我们刚才描述的方法来测量空间和时间，绝对同时性的概念就会消失，哪怕你在某个参考系内观察到不同地点的两个事件同时发生，只要换个参考系，你就会发现二者之间其实存在一定的时间间隔。

乍听之下，这个说法似乎十分无稽，但我可以换个说法：假设你在火车上吃饭，虽然在喝汤和吃甜点的时候，你一直坐在餐车上的同一个位置，但这两个点投射到铁轨上的位置却相隔甚远，这样听起来是不是就正常多了？用物理语言来描述的话，这就是某个参考系内不同时间发生在同一地点的两个事件换到另一个参考系下就会产生一定的空间间隔。

比较一下现在这个"啰唆"的描述和前面那个"矛盾"的描述，你会发现它们完全对称，只需要把"时间"和"空间"互换一下，二者的表述完全相同。

这就是爱因斯坦的完整观点：尽管从经典物理学的角度来看，时间完全独立于空间和运动，"始终均匀流逝，与外部任何事物无关"（牛顿），但根据新的物理理论，空间和时间关系紧密，它们不过是同一个"时空连续统一体"（所有可观测的事件都发生在这个系统内）中两条互相垂直的坐标轴而已。将这个四维连续统一体切割为三维空间与一维时间的做法完全出于主观，具体取决于你采用的参考系。

如果从某个参考系的角度观察，空间距离为 l 的两个事件在时间轴上的间隔为 t，那么只要换个参考系，同样两个事件的空间距离和时间间隔就会变成 l' 和 t'。因此，从某种意义上说，我们可以认为时间和空间可以相互转换。很容易理解，对我们来说，为什么时间转化为空间十分简单（比如在火车上吃饭），但要把空间转化为时间（相对的同时性），感觉就很别扭。问题的关键在于，如果我们以厘米为单位来衡量距离，那么对应的时间单位不应该是常用的"秒"，而是另一个"合理的时间间隔"，它代表的是光信号行经 1 厘米的距离需要的时间，也就是 0.00000000003 秒。

因此，在我们日常经验的范围内，要把空间间隔转化为时间间隔，最终得到的结果小得根本无法觉察，这似乎支持了经典的观点：时间绝对独立于其他因素，不可改变。

但是，如果我们的研究对象运动速度极快，比如说，要研究放射性物体释放的电子的运动，或者原子内部的电子运动，那么这些物体在"合理的时间间隔"内行经的距离正好和时间间隔数量级相当，因此我们必须将上面提到的两种效应都纳入考虑，相对论也变得尤为重要。哪怕物体运动速度相对较小，例如太阳系内行星的运动，我们也可以通过高精度的天文测量手段观察到相对论效应，但这需要以每年几分之一角秒的精度来测量行星运动的变化。

我一直试图向你解释的是，对经典时空观的质疑引领我们得出了一个结论：空间距离可以部分转化为时间间隔，反之亦然；这意味着同一段距离或时间的数值在不同的运动系下可能有所差异。

这个问题有一套比较简单的数学解释，但我不打算在这里详细介绍，总而言之，利用这套数学方法，我们建立了时空转化的具体公式。假设某件长度为 l 的物体相对于观测者的运动速度为 v，那么观测者测得的物体长度必然缩短，具体取决于它的运动速度，最终测得的长度计算方式如下：

$$l'=l\sqrt{1-\frac{v^2}{c^2}} \quad (2)$$

$$t'=\frac{t}{\sqrt{1-\frac{v^2}{c^2}}} \quad (3)$$

类似的，任何需要花费时间 t 的过程在相对运动的参考系下花费的时间都会变长，最终测得的时间 t' 如公式（3）所示。这就是相对论中著名的"空间缩短"和"时间膨胀"。

一般来说，如果 v 远小于 c，那么这两种效应微乎其微；但要是速度相对较大，我们在运动参考系下观察到的长度可能缩短到任何程度，时间间隔也可能变得非常非常长。

我希望你不要忘记，这两种效应都是绝对对称的，飞驰火车上的乘客会好奇静止车厢里的人为什么那么瘦，走得又那么慢；与此同时，静止车厢里的人也对运动火车上的乘客有同样的疑惑。

速度上限的存在还带来了另一个重要的后果：运动物体的质量会发生变化。

根据通用的基础力学，物体的质量越大，你就越难让它从静止状态开始运动，或者改变它的既有运动速度。

任何物体在任何条件下都不可能超过光速，基于这个事实，我们可以直接得出结论：随着物体的速度不断接近光速，它抵抗进一步加速的能力——换句话说，它的质量——必然无限增大。我们可以用数学方法来描述物体质量和运动速度的关系，最终得到一个类似（2）和（3）的公式。如果某个物体在极低的速度下质量为 m_0，那么速度为 v 的时候，它的质量 m 计算方式如下：

$$m = \frac{m_0}{\sqrt{1 - \frac{v^2}{c^2}}} \quad （4）$$

　　当 v 接近 c 的时候，物体抵抗进一步加速的能力将变得无限大。我们可以通过高速运动的粒子轻松观察到这种质量变化的相对论效应。比如说，放射性物体释放的电子质量（其速度等于光速的99%）比静止状态的电子大好几倍，而组成所谓的宇宙射线的电子质量（它们的运动速度通常相当于光速的99.98%）更是大得离谱。在这样的速度下，经典力学毫无用武之地，我们完全走进了相对论的王国。

3 汤普金斯先生的假期

　　相对论市的奇遇让汤普金斯先生深感愉快，但他心里却有些遗憾，因为教授不在身边，没人为汤普金斯先生解释他看到的那些奇妙景象：其中最让他牵肠挂肚的是，火车站的司闸员为什么能减缓乘客衰老的速度呢？很多个晚上，他上床时都盼着能重游那个有趣的城市，但这段时间他很少做梦，而且大部分梦境都令人沮丧：上一次他梦到自己被银行经理开除了，因为他把不确定性引入了银行账户……所以现在，汤普金斯先生觉得自己最好去度个假，找个靠海的地方玩上一星期。就这样，他发现自己坐在火车的包厢里望着窗外，郊区的灰色屋顶渐渐消失，取而代之的是乡间的青翠草地。他拿起一份报纸，试图用越南冲突来打发时间。但报纸上的新闻全都那么无聊，车厢的摇晃令他昏昏欲睡……

　　当他放下报纸再次望向窗外，蓦然发现外面的景象完全变了。铁路边的电线杆挤挤挨挨地靠在一起，看起来就像一道篱笆；树木的树冠都收得很窄，仿佛一棵棵意大利丝柏。他的老朋友教授坐在对面，饶有兴味地打量着外面的奇景。教授一定是在汤普金斯先生忙着读报的时候进来的。

"我们进入了相对论的世界，"汤普金斯先生说，"对吧？"

"噢！"教授惊讶地喊了一声，"看来你知道得不少呀！你是怎么发现的？"

"我以前来过这儿，但没有您的陪伴，那次旅行少了很多乐趣。"

"看来这次你可以做我的向导啦。"老教授说。

"恐怕不行，"汤普金斯先生回答，"我看到了很多怪事，但这里的人却完全不明白我为什么那么惊讶。"

"那是自然，"教授说，"他们在这个世界里出生，所以对他们来说，周围的所有现象都是天经地义的。不过要我来说的话，如果他们不小心闯进了你生活的那个世界，他们也会大吃一惊。对他们来说，那个世界一定处处透着古怪。"

"我能问您一个问题吗？"汤普金斯先生说，"上次我在这儿遇到了一个铁路司闸员，他坚持说，因为火车总是走走停停，所以车上的乘客变老的速度比城里的其他人更慢。这到底是魔法还是某种能用现代科学解释的现象？"

"不管面对什么，抛出魔法作为解释简直不可原谅。"教授回答，"你的问题完全可以用物理定律来解释。根据爱因斯坦提出的时空新理论（或者我应该说，这套理论和世界本身一样古老，只是人类刚刚发现了它），如果某个系统的速度正在发生变化，那么这个系统内所有的物理过程都会变慢。在我们的世界里，这种效应的影响小得几乎无法觉察；但在这个世界里，由于光速很慢，同样的现象就变得非常明显。比如说你想煮个蛋，如果让锅安安静静地待在炉子上，那么只要五分钟蛋就能煮熟；可要是你不断摇晃锅子，让它的速度不停改变，那么锅里的蛋可能要煮六分钟才能熟。同样地，如果你坐在摇椅上来回摇晃，或者坐在速度不断变化的火车上，那么你体内的所有过程都会变慢。在这种情况下，同一个系统内所有过程变慢的程度都是一样的，所以物理学家更喜欢说，非惯性系内时间流逝的速度更慢。"

"可是在我们原来那个世界里，科学家真的观察到了这种现象吗？"

"当然，不过这需要一点技巧。从技术上说，获得必要的加速度非常困难，但非惯性运动系统产生的效果和强引力十分相似，或者说完全一致。不知道你有没有注意过，坐电梯的时候，如果电梯以极快的加速度向上运动，你会觉得自己变重了；反过来说，电梯向下运动的时候（尤其是缆绳断掉的时候！），你会觉得自己变轻了。这是因为加速度产生的引力场增加或抵消了地球对你的引力。呃，太阳表面的引力势能比地球表面大得多，所以那里的所有过程都比地面上慢一点。天文学家的确观察到了这种现象。"

"可他们总不能跑到太阳上去观察吧？"

"他们不用跑到太阳上去，只要观察太阳释放出来的光就行了。阳光是由太阳大气层内各种原子的振动产生的。既然太阳表面的所有过程都更慢，那些原子振动的速度自然也比地球上慢，比较一下阳光和地球光源释放的光，你就能看出其中的区别。顺便问一下，你知不知道，"——教授打断了自己的话——"外面这座小站叫什么名字？"

火车正在经过一座乡间的小火车站，月台上空荡荡的，只有站长和一名年轻的搬运工坐在行李推车上读报。突然间，站长的手向上一挥，紧接着他俯面扑倒在地。汤普金斯先生没有听到枪声，枪响很可能被火车的噪音淹没了，但站长身体周围的血泊说明了一切。教授立即拉下紧急制动器，火车猛地一顿，停了下来。他们走出车厢，正好看到年轻的搬运工奔向站长的尸体，一名乡村警察出现在月台上。

"心脏中弹。"警察检查一番，下了结论。然后他用力按住搬运工的肩膀，继续说道："现在我要逮捕你，因为你谋杀了站长。"

"我没有杀他！"倒霉的搬运工惊慌地喊道，"听到枪声的时候我正在读报。这两位刚从火车上下来的先生很可能看到了整个过程，他们可以证明我是无辜的。"

"没错，"汤普金斯先生说，"我亲眼看到，站长中弹的时候，这个小伙子正在读报。我可以对着《圣经》起誓。"

"可你当时坐在运动的火车上。"警察打着官腔答道，"所以你看到的景象不足为证。同一时间站在月台上的人完全有可能看到这位先生正在开枪。同时性取决于你所在的参考系，难道你不知道吗？别说了，跟我走吧。"他转头命令搬运工。

"抱歉，警官，"教授打断了警察的话，"但您真的错了，要是让总部的人知道您如此粗枝大叶，他们大概不会高兴的。没错，在您的国家，同时性的概念的确具有极高的相对性。不同地点的两个事件是否同时发生，这也的确取决于观察者的运动状态。不过，哪怕在您的国家里，后果也不可能先于原因出现。您永远不可能收到一封还没发出的电报，对吧？也不可能在打开酒瓶之前喝得酩酊大醉。我能理解，您觉得我们俩坐在运动的火车上，所以我们看到'开枪'这个动作的时间可能比它实际发生的时刻晚得多。但是，看到站长倒下以后，我们立即下了车，直到那时候，我们仍没看到这位小伙子开枪。我知道，按照警局的规矩，你们只能遵照手册里的指示行事，不过请您翻一翻手册，或许能找到这方面的内容。"

教授的语气很有说服力，警察不由得掏出兜里的便携手册慢慢读了起来。没过多久，一丝难为情的笑容浮现在他红润的大脸上。

"呀，在这儿呢，"他说，"第 37 章第 12 段，条款 e：

'无论参考系运动状态如何，只要在罪案发生的那一刻，或者罪案发生前后 ±d/c（c 是自然界的速度上限，d 是嫌疑人所在地与罪案现场之间的距离）的时间间隔内，嫌疑人在另一个地点被观察到，那么即可作为完美的不在场证明。'"

"你自由了，我的好人。"他向搬运工宣布，然后转向教授，"非常感谢您，先生，不然总部肯定会找我麻烦。我刚到警队不久，这些规矩都还不熟。不过无论如何，我都得跟上级汇报这件谋杀案。"他迈步走向电话亭。一分钟后，他隔着月台朝这边喊道，"问题都解决啦！他们抓到了真正的杀人犯！当时他正企图逃离车站！再次感谢您！"

"我真是太笨啦，"火车再次开动以后，汤普金斯先生开口说道，"可我确实没搞明白，同时性到底是怎么回事？难道在这个国度，同时的概念真的毫无意义吗？"

"也不是，"教授答道，"但只限于某个特定的程度内。要是同时性真的一点儿意义都没有，我也不可能帮那位搬运工洗清嫌疑。你看，任何物体的运动、任何信号的传播都存在一个天然的速度上限，这个事实使得我们平时常说的'同时'失去了它原有的意义。换个说法你可能更容易理解一点。假设你常常和一位远方的朋友通信，那么邮运火车的速度限制了你们之间的沟通速度。现在，假设你在星期天遇到了一件事情，而且你知道这位朋友也会遭遇同样的事情，那么显然，哪怕你立即写信警告，他也得等到周三才能收到消息。从另一方面来说，如果他提前知道了你会遇到这件事，那么要在周日之前让你得到消息，他给你写信的时间最晚不能超过上周四。因此，从上周四到下周三，在这六天的时间跨度内，这位朋友既无法影响你在周日的命运，也不可能得知你的遭遇。所以我们可以说，在这六天的时间里，你们彼此的行为不具有因果关系。"

"为什么不发电报呢？"汤普金斯先生提议道。

"呃，刚才我假设邮运火车的速度就是你们沟通速度的上限，同样的情况也适用于这个国度。要是我们回到家乡，自然界的速度上限变成了光速，无线电就成了最快的沟通手段。"

"不过，"汤普金斯先生追问，"就算邮运火车的速度决定了自然界的速度上限，这又和同时性有什么关系？我依然可以和远方的朋友在星期天的同一个时刻吃晚餐，难道不是吗？"

"不，在这种情况下，你刚才的描述毫无意义。或许某位观察者会认为你们俩在同一时刻吃饭，但坐在另一列火车上的观察者可能坚持认为，你吃周日晚餐的时候，你的朋友正在吃周五的早饭或者周二的午饭。不过，要是你和这位朋友吃饭的时间间隔超过三天，任何观察者都不可能看到你们俩同时进餐。"

"这怎么可能呢？"汤普金斯先生不敢相信地问道。

"这很简单，既然你听过我的讲座，那你可能已经知道，无论参考系如何运动，你观察到的速度上限始终保持恒定。只要能接受这个事实，那我们可以得出结论……"

就在这时候，火车到站了，汤普金斯先生必须下车，所以他们没法再聊下去了。

抵达海边的第二天早晨，汤普金斯先生来到酒店的玻璃长廊吃早饭，结果发现了一个大惊喜。老教授和一位可爱的姑娘坐在走廊尽头的角落里，女孩一边兴高采烈地跟老人说话，一边频频瞥向汤普金斯先生这边。

"我昨天的表现真是太蠢了，竟然在火车上睡着了，"汤普金斯先生越想越懊恼，"教授没准还记得我那几个关于返老还童的蠢问题。但这至少给了我一个跟他套近乎的机会，以后我有什么不懂的都可以问问他。"他甚至不愿意对自己承认，他想套近乎的对象不光是教授。

"啊，没错，我确实记得，你来听过我的讲座。"离开餐厅的时候，教授对他说，"这是我的女儿莫德。她正在学画画。"

"很高兴认识你，莫德小姐，"汤普金斯先生觉得这真是他听过的最美丽的名字，"我相信，这里的风景一定为你提供了绝佳的写生素材。"

"回头你可以看看她的画，"教授说，"不过现在，请告诉我，听了我的讲座，你有什么收获吗？"

"噢，我的确获益良多——事实上，我去过一座奇妙的城市，那里的光速可能只有每小时 10 英里左右，所以我亲眼看到了物体的相对收缩和时钟的古怪行为。"

"哎呀，"教授说，"后来我还讲了空间弯曲及其与牛顿引力的关系，你没听到真是太遗憾了。不过现在我们有足够的时间，待会在海滩上晒太阳的时候，我可以好好给你讲讲。比如说，你知不知道正曲率空间和负曲率空间有何不同？"

"老爸，"莫德小姐噘着嘴抱怨，"如果你再喋喋不休地讲物理，我可就要丢下你干自己的事儿去了。"

"好啦，小姑娘，你去吧。"教授在一张安乐椅上坐了下来，"我看出来了，你的数学不大灵光，年轻人，但我可以用最简单的方式给你讲讲。现在我们把空间简化成面，假如壳牌先生——你知道的，就是开加油站那位——想了解一下，他的加油站在某个国家——就说美国吧——的分布是否均匀，那么他会命令手下的办事员，让他们挑个中心城市（我好像常听人说，堪萨斯城是美国的心脏），统计一下这座城市方圆一百、两百和三百英里范围内的加油站数量。壳牌先生在学校里学过，圆的面积与其半径的平方成正比，这样一来，如果加油站均匀分布，那么随着距离的增加，它们的数量应该以 1:4:9:16……的速度增长。可是拿到报告以后，他却惊讶地发现，加油站数量的增长速度比他预想的慢得多，实际增长比例只有——我们随便举个例子——1:3.8:8.5:15.0……以此类推。'糟透了，'他会大声抱怨，'我手下的经理太不会办事儿了。堪萨斯城周围

30

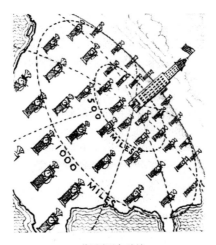

美国遍地加油站

的加油站为什么修得这么密？’但是，他得出的结论到底对不对呢？”

“对不对呢？”汤普金斯先生心不在焉地重复道。

“不对。”教授郑重地回答，“他忘记了一点：地球表面不是平的，而是一个球面。球面上同等半径内面积增长的速度要比平面上慢。不明白吗？呃，你可以找个地球仪，亲手试验一下。比如说，你站在北极点，取一个半径等于二分之一经线长度的圆，那么它正好就是赤道，这个‘圆’覆盖的面积等于整个北半球。如果将半径乘以 2，那么整个地球都会被囊括进去，但球面的面积只增长到了原来的两倍，而不是平面上的四倍。现在你懂了吗？”

“那么，”汤普金斯先生努力集中精力，“这是个正曲面还是负曲面呢？"

"球面属于正曲面，正如你在地球这个例子里看到的，它对应的是拥有确定区域的有限面。马鞍就属于典型的负曲面。"

"马鞍？"汤普金斯先生反问道。

"是的，马鞍，如果还是以地表特征来说的话，也可以是两座山之间的马鞍形山谷。假设某位植物学家住在山谷间的一座小屋里，他对小屋周围松树生长的密度很感兴趣。数一数小屋周围方圆一百英尺、两百英尺或者更大半径范围内有多少棵松树，他会发现，松树数量增长的速度大于距离的平方。重点在于，马鞍形曲面上同等半径内面积增长的速度比平面上更快。这样的面被称为负曲率面。如果你试图将一个马鞍形曲面摊开展平，那么它必然产生皱褶；要是想展平没有弹性的球面，你就得把它撕破。"

"我明白了，"汤普金斯先生说，"你的意思是说，马鞍面弯曲但无限。"

"完全正确。"教授回答，"马鞍面在所有方向上无限延展，而且永远不会自我封闭。当然，在我刚才举的例子里，只要你走出马鞍形山谷，重新踏上正曲率的地面，负曲率的特性就消失了。不过你肯定能想象一个处处曲率为负的面。"

"但你刚才讲的也同样适用于弯曲的三维空间吗？"

"当然，它们本质上完全相同。假设空间中有一些均匀分布的物体，也就是说，两个相邻物体之间的距离永远相同，那么你可以数数不同半径内的物体数量。假设这个数字增长的速度等于半径的立方，那么这个空间是平坦的；要是增速更快或者更慢，那么这个空间必然拥有负的或者正的曲率。"

"以此类推，同样的半径范围内，正曲率空间包含的体积应该更小，负曲率空间的体积则更大？"汤普金斯先生惊讶地问道。

"没错。"教授笑道，"你总算听懂了。要研究我们所在的这个宇宙的曲率，你也得数数那些遥远天体的数量。你可能听说过，巨大的星云均匀地分布在宇宙中；现在我

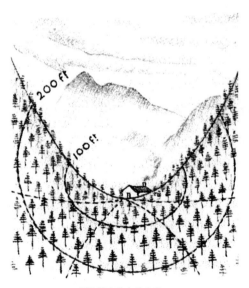

马鞍形山谷中的小屋

们能观察到几百亿光年外的星云，所以这些天体很适合用于帮助我们研究宇宙曲率。"

"那么我们的宇宙是有限且自我封闭的啰？"

"呃，"教授回答，"事实上，这个问题还没解决。爱因斯坦曾在早期的宇宙学论文中提出，宇宙体积有限，自我封闭，且不会随时间而改变。但是后来，俄罗斯数学家A. A. 弗里德曼（A. A. Friedmann）的计算表明，根据爱因斯坦的基本方程，随着年龄的增长，宇宙有可能膨胀或收缩。美国天文学家 E. 哈勃（E. Hubble）利用威尔逊天文台的 100 英寸望远镜发现，星系正在飞速远离彼此，所以我们的宇宙正在膨胀，这一观察事实也验证了弗里德曼的数学计算结果。但有一个问题依然悬而未决：宇宙会这样一直膨胀下去吗？或者在遥远的未来，宇宙的体积可能达到极值，然后转而开始收缩？要回答这个问题，我们需要更详尽的天文观测数据。"

教授高谈阔论的时候，周围的景象渐渐变得怪异起来：休息厅的一头变得特别狭窄，所有家具挤成一团；另一头却变得异常宽阔，简直塞得下整个宇宙。一个可怕的念头钻进了汤普金斯先生的脑子里：要是海滩上的某块空间——比如说正在作画的莫德小姐所在的那一块——被某种力量从宇宙中撕了下来，那该怎么办？也许他再也见不到她了！奔向大门的时候，汤普金斯先生听见教授在身后喊道，"小心！量子常数也出了问题！"他冲上海滩，突然觉得周围非常拥挤。成千上万个女孩像没头苍蝇一样在他周围左冲右突。"天哪，这么多人，我该上哪儿去找亲爱的莫德？"正在发愁的时候，他突然发现这些女孩都长得跟教授的女儿一模一样，于是他回过神来：这一定是不确定性原理跟他开的玩笑。果然，量子常数的异常波动很快平息下来，他看到莫德小姐一脸惊慌地站在海滩上。

"啊，是你！"她松了口气，喃喃念叨，"我还以为有一大群人正在朝我冲过来。我可能是被太阳晒得昏了头吧。请稍等一下，我回酒店去取遮阳帽。"

"噢，千万别，现在我们不能分开。"汤普金斯先生表示反对，"我有一种感觉，光速也在发生变化；等你从酒店出来的时候，没准我已经变成老头了！"

"胡说八道。"女孩轻声责备，但她还是让汤普金斯先生握住了她的手。就在他们回酒店的路上，又有一波不确定性骤然袭来，海岸边到处都是汤普金斯先生和莫德小姐的身影。与此同时，大规模的空间折叠从不远处的山丘开始蔓延，周围的石头和渔屋被扭曲成奇怪的形状，强大的引力场偏折了所有阳光，汤普金斯先生蓦然陷入了彻底的黑暗。

仿佛过了一个世纪，一个亲切的声音终于唤醒了他的知觉。

"噢，"女孩说，"我父亲一直在聊物理，你都听得睡着啦。想和我一起去游个泳吗？今天的水真不错。"

汤普金斯先生像装了弹簧一样从安乐椅里跳了起来。"所以刚才的一切都是做梦？"他一边跟着莫德小姐走向海滩，一边想道，"或者现在才是梦的开始？"

4 教授关于弯曲空间、引力和宇宙的讲座

女士们，先生们：

今天，我准备讨论弯曲空间的问题及其与引力现象的关系。我毫不怀疑，在座的每一位听众都能轻松想象一条曲线或一个曲面，但说到弯曲的三维空间，你们的脸就拉长了，心里大概在想，这是什么奇怪的东西，简直有点儿超自然。为什么大家一提到弯曲空间就一脸头疼呢？弯曲空间的概念真的和曲面很不一样吗？如果往深里想一想，很多人也许会说，我之所以觉得弯曲空间想象起来特别困难，是因为我不能"从外面"观察它，就像观察球形曲面或者更奇怪的马鞍曲面一样。不过，这样说的人通常不知道"弯曲"这个词在数学上的严格定义，事实上，"弯曲"的数学意义和我们日常语境中的很不一样。数学家将那些几何特征不同于平面的二维面定义为曲面，我们可以根据这些面偏离欧几里得经典定律的程度来衡量它的曲率。比如说，如果你在一张平面的纸上画一个三角形，那么根据

最基础的几何学，你知道它的内角和等于两个直角。然后，你可以将这张纸弯成一个圆筒，或者一个圆锥，甚至其他更复杂的形状，但已经画好的三角形的内角和始终等于两个直角。

从曲面"内部"的角度来看，这个面的几何特性并未随着形状的改变而发生变化；虽然按照我们日常的定义，它的确发生了弯曲，但从几何意义上说，它和平面并无分别。但是，一张没有弹性的纸永远不可能弯成球面或马鞍面；除此以外，如果你在球面上画一个三角形（弧三角形），欧氏几何的简单定理也不再适用于它。事实上，如果我们取北半球的两条经线和一段赤道，这三条线构成的三角形两个底角都是直角，顶角可以是任意值。

反过来说，你会在马鞍形曲面上惊讶地发现，三角形的内角和总是小于两个直角。

因此，要确定一个面的曲率，我们需要研究它的几何特性，在这种情况下，从外部观察反而可能造成误导。仅仅通过观察，你可能会将圆筒表面和圆环表面归为同一类，但实际上前者是平面，后者才是曲面。一旦习惯了"弯曲"的严格定义，你就很容易理解，物理学家讨论的"我们生活的宇宙是否弯曲"到底是什么意思。最终我们需要解决的问题只有一个：弄清物理空间的几何特性是否服从欧氏几何的通用定理。

不过，由于讨论的对象是实际的物理空间，所以首先，我们需要为几何术语赋予物理定义，尤其是直线的定义，因为直线是构建所有图形的基础。

我相信你们都知道，直线最常见的定义是两点间最短的距离；你可以在两点之间拉一条绳子，或者采用其他本质上相同但更精密的手段来获取直线，找出两个给定点之间需要的定长量尺数量最少的那条轨迹。

寻找直线的具体方法取决于物理环境，为了更清晰地理解这一点，我们不妨想象一个绕轴匀速旋转的巨大圆形平台，实验者 1 试图找出这个平台边缘两点之间的最短距离。他有一个盒子，里面装着很多小棍（量尺），每根棍子长 5 英寸，他试图找出两点之间需要的棍子数量最少的轨迹。如果平台保持静止，那么这些棍子可以沿着图中虚线

科学家测量旋转平台上的距离

排列。

但由于平台一直旋转，那么根据我们在上一次讲座中讨论过的，量尺会产生相对的收缩，而且靠近平台边缘（因而拥有更大线速度）的量尺收缩的程度大于靠近平台中心的那些。因此，为了确保每根量尺覆盖的距离最大，实验者在放置量尺的时候显然应该尽量靠近平台中心。但是，由于直线两端固定位于平台边缘，那么如果中段的量尺位置过于靠近平台中央，这同样不利于获取最短距离。

因此，我们必须在两种极端情况之间取得妥协，最终获得一条微微向平台中央弯曲的曲线，它代表着平台边缘两点之间的最短距离。

如果这位实验者将测量工具从独立的量尺换成一根绳子，他也会获得完全相同的结果，因为绳子的每个部分同样会受到相对收缩效应的影响。在这里我想强调一点：旋转平台上绳子的变形与我们平常理解的离心力完全无关；事实上，无论你用多大的力量拉拽绳子，也不会影响它变形的程度，更不用说这根绳子还会受到反向的离心力影响。

现在，如果平台上的观察者打算比较一下我们用这种方法获得的"直线"和光线，借此验证实验结果，那么他会发现，光的确会沿着他画出的直线传播。当然，对于站在平台附近的观察者来说，光线看起来完全是直的；他们会解释说，平台上运动的观察者之所以会得出现在的结果，是因为平台的旋转与光的直线传播产生了叠加；他们还会告诉你，要是你用手指在旋转的留声机唱片上划一条直线，那么唱片上留下的划痕当然是弯曲的。

但是，对于旋转平台上的观察者来说，他画出的"直线"的确名副其实：首先，它的确是两点之间的最短距离；其次，在他的参考系内，光的确沿着这条线传播。现在，假设他在平台边缘选择三个点，然后用直线将它们连接起来，形成一个三角形。那么在这种情况下，三角形的内角和必然小于两个直角，这位观察者由此得出正确结论：他周围的空间是弯曲的。

现在我们再举一个例子，假设平台上还有两位观察者（2和3），他们希望测量平台的周长和直径，由此算出 π 的值。观察者2的量尺应该不受旋转运动的影响，因为平台运动的方向始终垂直于他测量的长度。从另一个方面来说，观察者3的量尺会一直收缩，最终他测得的旋转平台周长必然大于静止的平台。用观察者3测得的周长除以观察者2测得的半径，我们最终算出的 π 必然大于课本上的数值，这同样是空间弯曲的结果。

旋转影响的不光是观察者对长度的测量，圆盘边缘的钟表同样处于高速运动的状态下，根据我们在上次讲座中讨论的内容，它一定走得比圆盘中央的钟表更慢。

如果两位实验者（4和5）在平台中央位置对好了表，然后观察者5带着他的表去圆盘边缘待了一段时间，那么回到平台中央以后，他会发现自己的表比一直留在中间的

4 慢了一些。由此他可以得出结论：平台上不同区域的物理过程进行的速度各不相同。

现在，我们的实验者决定停下来想一想，刚才的几何测量为什么会得出这么奇怪的结果。假设他们所在的平台完全封闭，构成了一个无窗的旋转房间（所以他们看不到自己相对于周围景物的运动），那么在不考虑平台相对于"坚实地面"旋转运动的前提下，他们能利用平台自身的物理环境完美解释自己观察到的结果吗？

仔细审视他们在平台环境中测得的几何结果与"坚实地面"环境中的区别，实验者会立即意识到，平台上存在一种新的力，它倾向于将平台中心的所有物体拉向边缘。自然而然地，他们会将自己观察到的现象归咎于这种力，比如说，在这种力的作用方向上，离平台中心更远的表走得更慢。

但是，这种力真的就是"坚实地面"上观察不到的一种新力吗？所谓的引力难道不是时刻将所有物体拉向地心方向吗？当然，平台上的引力指向圆盘边缘，而地心引力指向地球中心，但这意味着二者的区别仅仅在于力的分布。不过，我们可以轻松举出另一个例子来向大家证明，参考系不均匀运动产生的"新"力，其效果完全等同于你在这座讲堂里感受到的引力。

假设一艘恒星际火箭飞船自由漂浮在太空中的某处，它远离所有恒星，因此飞船内部不存在任何引力。这艘飞船上的所有物品和乘客都没有重量，所以他们会自由地飘浮在空中，就像儒勒·凡尔纳那个著名故事中的米歇尔·阿尔当和他的旅伴一样。[①]

现在，发动机启动了，我们的火箭飞船开始运动，速度越来越快。这时候飞船内部会发生什么变化呢？不难看出，随着飞船逐渐加速，船上的所有物体都会表现出向着地板运动的趋势，或者换句话说，地板会向着这些物体运动。举个例子，假如某位实验者手里握着一个苹果，那么要是他松开手，这个苹果将继续以恒定的速度——即实验者松手那一刻飞船的速度——运动（相对于周围的恒星）。但飞船本身仍在加速，因此船舱地板的运动速度会越来越快，最终它将追上苹果，二者发生碰撞；从这一刻开始，苹果将被稳定的加速度死死压在地板上。

不过，对船上的实验者来说，这个过程看起来就像是苹果以特定的加速度向着地板"坠落"，然后被自身重量压在地板上。他还会注意到，不同物体坠落的加速度完全相同（如果忽略掉空气摩擦力的话），这十分符合伽利略·伽利雷（Galileo Galilei）发现的自由落体定律。事实上，他根本无从分辨加速运动的船舱中发生的现象与普通的引力现象有何区别。在这艘飞船上，他可以使用带摆锤的钟，将书本放心大胆地摆在书架上（而不必担心它们会自己飞

---

① 此处援引的是凡尔纳著作《从地球到月球》里的情节。

走），或者在墙上敲根钉子，挂上阿尔伯特·爱因斯坦的画像——正是这位科学家首次提出，参考系的加速度等价于引力场，并以此为基础发展出了所谓的广义相对论。

但是，正如我们在第一个旋转平台的例子中看到的，在这艘飞船上，我们将观察到伽利略和牛顿在研究引力时未曾见过的奇异现象。穿过船舱的光线会变弯，从船舱一侧射出的光线将照亮对面屏风上的另一块地方，具体取决于飞船的加速度。当然，在外部的观察者看来，这是光的均匀直线运动与被观察飞船的加速运动叠加的结果。这艘飞船上同样会出现奇怪的几何现象，比如说，三条光线组成的三角形内角和会大于两个直角，圆的周长与直径之比也会大于 π。刚才我们介绍的是两个最简单的加速系统，但由此得出的结论同样适用于刚性或柔性参考系的任何给定运动。

现在，我们需要讨论一个最重要的问题。刚才我们已经看到，在一个具有加速度的参考系内，我们会发现一系列前人未曾在普通引力场中观察到的现象。那么，巨大质量形成的强引力场内是否同样存在这些新现象（例如光线弯曲或时钟变慢）？或者换句话说，也许加速度与引力造成的效果不仅十分相似，而且完全相同？

当然，从启发式思考的角度来看，将加速度和引力视为完全等价的两种物理现象，这是个十分诱人的想法，但要得出最终的结论，唯一的办法是通过直接的实验。人类

地板最终会追上苹果，二者发生碰撞

的头脑天生追求简洁，希望主宰宇宙运行的物理规律具有
内在的连续性，现实满足了我们的这一需求：通过实验，
我们证明了普通的引力场中同样存在这些新现象。当然，
加速度—引力场等价假说预言的效应十分微弱：正是出于
这个原因，直到科学家特地朝着这个方向探索，我们才发
现了它们的存在。

利用前面提到的加速系统的例子，我们可以轻松估算

两种最重要的相对引力现象的明显程度，即钟表变慢的程度和光线弯曲的程度。

我们先来看看旋转平台的例子。根据基本的力学原理，我们知道与圆心距离为 r 的质点受到的离心力可由以下公式计算得出：

$$F = r\omega^2 \quad (1)$$

其中 ω 等于平台旋转的恒定角速度。该质点从平台中央运动到平台边缘的过程中，离心力所做的总功为：

$$W = 0.5R^2\omega^2 \quad (2)$$

其中 R 等于平台半径。

根据前面描述的等价原则，我们认为离心力 F 等价于平台内的引力，W 等价于平台中央与边缘之间的引力势能差。

现在我们必须记住，正如我在上一次讲座中提到过的，以速度 v 运动的钟表变慢的程度由以下公式决定：

$$\sqrt{1-\left(\frac{v}{c}\right)^2} = 1 - \frac{1}{2}\left(\frac{v}{c}\right)^2 + \cdots \quad (3)$$

如果 v 远小于 c，那么我们可以忽略后面的项。根据角速度的定义，我们知道 v=Rω，于是钟表的"变慢因数"可转化为下列方程：

$$1 - \frac{1}{2}\left(\frac{R\omega}{c}\right)^2 = 1 - \frac{W}{c^2} \quad (4)$$

在这个公式中，钟表速度之所以会发生变化，是因为平台上不同位置的引力势能各不相同。

如果我们将一口钟放在地下室里，另一面放在埃菲尔

46

铁塔顶部（高 1000 英尺），那么二者的引力势能相差甚微，地下室里的钟变慢的因数只有 0.99999999999997。

从另一方面来说，地球表面和太阳表面的引力势能差就大得多了，所以钟表变慢的因数也会放大到 0.9999995，我们可以通过精密的测量发现这样的差别。当然，谁也没法将一面普通的钟放到太阳表面再让它正常走时！物理学家有更好的办法。我们可以利用分光镜观察太阳表面不同原子的振动周期，然后在实验室里将同样的元素放到本生灯的火焰上灼烧，比较同种原子的振动周期有何区别。太阳表面原子的振动周期应该比地球上的慢一些，具体的因数取决于方程（4），所以它们释放的光线也应该比地球上的偏红一些。事实上，我们的确在太阳和某些（我们能够准确测量其参数的）恒星的光谱中观察到了这样的"红移"，而且偏移量完全符合理论方程的计算值。

因此，光谱红移的存在证明了更强的引力势能的确让太阳表面的过程变慢了。

要测量引力场造成的光线弯曲，更方便的办法是采用我们先前提到的火箭飞船的例子。假设船舱宽度为 l，光线行经这段距离的时间 t 由以下公式计算得出：

$$t = \frac{l}{c} \quad (5)$$

在此期间，飞船的加速度为 g，根据基本的力学定律，飞船行经的距离 L 为：

$$L = \frac{1}{2}gt^2 = \frac{1}{2}g\frac{l^2}{c^2} \quad (6)$$

因此，光线偏移角度的大小应为：

$$\phi = \frac{L}{l} = \frac{1}{2}\frac{gl}{c^2} \text{ 弧度 （7）}$$

这个角度越大，光线在引力场中行经的距离 l 也就越大。当然，我们可以将飞船的加速度 g 理解为引力加速度。如果我将一束光打到讲堂对面，它行经的距离 l 可以粗略取值为 1000 厘米，地球表面的引力加速度为 981 厘米 / 秒²，c＝3×10¹⁰ 厘米 / 秒，那么：

$$\phi = \frac{1000 \times 981}{2 \times (3 \times 10^{10})^2} = 5 \times 10^{-16} \text{ 弧度} = 10^{-8} \text{ 弧秒 （8）}$$

所以你可以看到，现有条件下我们根本无法观察到光线这种程度的弯曲。不过，太阳表面附近的 g 值高达 27000 厘米 / 秒²，而且光在太阳引力场范围内行经的距离也很长。通过计算我们发现，从太阳附近经过的光线偏折角度约为 1.75"，这正好等于天文学家在日全食期间观察到的日面边缘附近的恒星视像位移值。实际观察的结果再次证明，加速度与引力造成的结果完全相同。

现在，我们可以回过头来讨论空间弯曲的问题了。你应该记得，我们利用最合理的直线定义得出了一个结论：不均匀运动参考系内的几何定律不同于传统的欧氏几何，所以这样的空间应该被视为弯曲的。由于任意引力场必然等同于某种加速运动的参考系，这意味着引力场内的空间也必然是弯曲的。或者我们再往前一步，从本质上说，引力场就是弯曲空间的物理表现。因此，质量的分布决定了不同位置的空间弯曲的程度，大质量物体附近的空间曲率应该达到极大值。我无法进一步向你们介绍描述弯曲空间性质以及空间曲率与质量分布之间关系的复杂数学体系，在这里我只想告诉大家，决定空间曲率的参数往往不止一个，而是有十个之多，这些参数通常被称为引力势能分量 $g_{\mu\nu}$，它代表的是经典物理学中的通用引力势能，我们曾经称之为 W。空间中每个点的曲率也相应地由十个不同的曲率半径决定，我们称之为 $R_{\mu\nu}$。爱因斯坦的基本方程描述了这些曲率半径与质量分布的关系：

$$R_{\mu\nu} - \frac{1}{2} g_{\mu\nu} R = -\kappa T_{\mu\nu} \quad (9)$$

其中 $T_{\mu\nu}$ 取决于大质量物体产生的引力场的密度、速度和其他特性。

本次讲座已近尾声，在此我想向大家指出方程（9）带来的一个最有趣的结果。如果一片空间中充斥着均匀分布的质量，就像我们的宇宙中充满了恒星和星系，那么我们可以得出结论：除了某些恒星附近偶尔出现的大幅度弯曲以外，这片空间在大尺度上应该具有均匀弯曲的规律倾向。从数学意义上说，这个问题有几个不同的解，根据其中的某些解，宇宙最终会自我封闭，因此体积必然有限；但另一些解意味着类似我在本次讲座开头时提到过的马鞍面的无限空间。方程（9）带来的另一个重要后果是，这样的弯曲空间应该处于稳定膨胀或收缩的状态中，从物理学的角度来说，这意味着充斥空间的粒子应该逐渐远离或靠近彼此。另外，我们可以证明，对于体积有限的封闭空间来说，膨胀和收缩必然发生周期性的变换——这种模型又叫作"脉动的世界"。从另一方面来说，无限的"马鞍状"空间将永远膨胀或收缩。

我们生活于其中的宇宙对应的到底是哪个数学解？要回答这个问题，我们需要的不仅仅是物理学，还有天文学，但我现在不打算深入讨论。我只想告诉大家，迄今为止，天文学证据确切表明，我们的宇宙正在膨胀，但这样的膨胀是会永远持续下去还是可能转为收缩，宇宙到底有限还是无限，这些问题仍悬而未决。

5 脉动的宇宙

在海滩酒店度过的第一晚，汤普金斯先生与教授父女共进晚餐。席间老教授一直在大谈宇宙学，莫德小姐却只想聊艺术，终于回到自己的房间以后，汤普金斯先生立即瘫倒在床上，拉起毯子盖住脑袋。波提切利和赫尔曼·邦迪，萨尔瓦多·达利和弗雷德·霍伊尔，勒梅特和拉封丹，所有名字在他疲惫的脑子里混成一团，最后他彻底睡了过去……

半夜的某个时刻，汤普金斯先生突然醒了过来，他有一种奇怪的感觉，仿佛自己不是睡在舒适的弹簧床垫上，而是躺在某种硬邦邦的东西上面。他睁开眼，发现自己趴在海边一块巨大的岩石上面。片刻之后他才发现，这块石头真的很大，直径大概有 30 英尺，而且它悬浮在空中，周围看不到任何支撑物。石头上覆盖着一层绿色的苔藓，石缝里还长着几丛低矮的灌木。石块周围的空间中充斥着某种微弱的光线，周围尘埃满天。事实上，他从没见过空气中有这么多灰尘，哪怕是电影里中西部的沙尘暴恐怕也不过如此。他用手帕捂住鼻子系紧，这才终于松了口气。但周围的空间中还有一些比灰尘更危险的东西。和他的脑袋差不多大小——甚至更大——的石块常常在他周围打转，偶尔还会一头撞上他所在的巨石，发出沉闷的异响。他还注意到，不远处的空间中漂浮着一两块巨石，和他所在的这块尺寸相仿。观察周围的时候，他一直紧抓着巨石上凸出的部分，生怕自己不小心掉下去，就此迷失在雾蒙蒙的深渊中。但没过多久，他的胆子就变大了一点，于是他试图爬到巨石边缘，看看下面是不是真的毫无支撑。爬行的过程中他惊讶地发现，他根本不会掉下去，因为身体的重量始终将他压在巨石表面，哪怕他已经爬过了巨石周长的四分之一还多。越过松垮垮的岩脊，他努力窥视出发点对面的景象，结果发现，这块巨石的确孤零零地悬浮在空中，没有任何支撑。不过更让他惊讶的是，借着朦胧的光线，他看到了教授高高的身影。教授头下脚上地站在巨石表面，捧着便携笔记簿奋笔疾书。

现在，汤普金斯先生开始慢慢回过神来。他记得学校里老师讲过，地球就是一个巨大的岩石球，它在太空中围绕太阳自由运动。他还记得书上的插图，两个人分别站在地球两端，他们的站立方向完全相反。是的，他所在的这块巨石其实就是一颗小小的星体，它将所有事物紧紧吸附在自己表面，他和教授就是这颗渺小的行星上仅有的两位居民。这个念头让他得到了些许慰藉，至少现在他不用担心自己掉下去了！

"早上好。"汤普金斯先生跟教授打了个招呼，试图将他的注意力从手头的计算中吸引过来。

教授抬起头来。"这里无所谓早上，"他说，"因为这个宇宙里没有太阳，也没有发光的恒星。不过幸运的是，这些天体表面存在某种化学过程，不然我根本无法观察到空间的膨胀。"然后他再次低头，继续琢磨手里的笔记簿。

汤普金斯先生觉得很不高兴，整个宇宙里只有他和教授两个活人，但教授却这么不愿交际！出乎意料的是，一颗小流星帮了他的大忙；伴随着一阵尖啸，流星击中了教授手中的笔记簿，带着它飞了出去。小册子在太空中飞速运动，离他们的小星球越来越远。"现在你再也看不到它了。"望着太空中越来越小的笔记簿，汤普金斯先生说道。

"反过来说，"教授回答，"你看，现在我们所在的宇宙并不是无限延展的。噢，是的，是的，我知道你在学校里听老师讲过，宇宙是无限的，两条平行线永不相交。但是，这个描述既不适用于其他所有人生活的那个宇宙，也不适用于我们眼前的空间。当然，其他人生活的那个宇宙的确很大，科学家估计，目前它的直径大约有100000000000000000000000英里，对普通人来说，这也和无限差不多了。要是我的笔记簿丢在了那个宇宙里，那它得过到很久很久很久以后才有可能回到我手中。但这

这里没有早上

个宇宙的情况很不一样。就在被流星击中之前，我刚刚算出了一个结果，这个宇宙的直径大约只有 5 英里，不过它正在飞速膨胀。我想，我的笔记簿在半小时内就会回来。"

"可是，"汤普金斯先生壮着胆子问道，"你是说，你的笔记簿会像去而复返的澳大利亚土著一样，沿着一条弯曲的轨迹掉回你脚下吗？"

"完全不是那样，"教授回答，"如果你想理解这一切将如何发生，不妨想想古希腊人，他不知道地球是圆的。假设这位希腊人让某人一直向北走，那么当他看到这个人最终从南边再次出现的时候，他该有多惊讶啊。古希腊人脑子里根本没有环游世界（在这里我指的是环游地球）的概念，他会认为，这个人肯定搞错了方向，走了弯路，所以才会绕回来。事实上，他的手下的确一直沿着地球表面直线前进，但地球是圆的，所以他绕着世界转了一圈，最后从对面走了回来。我的小册子也将遭遇同样的命运，除非它在途中撞上了另一块石头，结果偏离了方向。给，拿着这副望远镜，试试你还能不能看到它。"

汤普金斯先生将望远镜凑到眼前，虽然空中满是灰尘，但他还是看到了教授渐行渐远的笔记簿。他还惊讶地发现，远处的所有物体都蒙上了一层粉红色，包括那本小册子在内。

"可是，"片刻之后他说，"你的笔记簿正在往回飞，我看到它变大了。"

"不，"教授回答，"它仍在继续前进。事实上，你看到它的尺寸变大了，就像是在往回飞一样，这是因为封闭的球形空间对光线产生了特殊的聚焦效应。我们还是以古希腊人为例。如果光能够沿着弯曲的地球表面传播，比如说，在大气折射作用的影响下，那么利用强大的望远镜，古希腊人始终可以看到自己的手下。从空中俯瞰地球，你会发现地面上的直线（也就是经线）先是从极点向外发散，但在经过赤道以后，它们又再次汇向对面的极点。如果光沿着这样的直线传播，那么站在某个极点上，你会看到离你远去的人变得越来越小；但在越过赤道以后，他的身影又会逐渐变大，看起来就像正在往回走一样。当他到达对面极点的那一刻，你会觉得他的身影非常高大，仿佛这个人正站在你身边。但你却不能触碰他的身体，就像你不可能触碰球面镜里的虚像。通过刚才的二维类比，你应该能想象，在弯曲的古怪三维空间中，光会表现出什么样的行为。看，我想那本小册子的虚像已经离我们很近了。"事实上，放下望远镜，汤普金斯先生单凭肉眼就能看到，笔记簿就在几码以外的地方，但它看起来的确很奇怪！小册子的边缘十分模糊，就像被揉旧了一样，教授写下的方程式模糊难辨，整个笔记簿看起来就像一张失焦又曝光不足的照片。

"现在你看到啦，"教授说，"这只是笔记簿的虚像而已，行经半个宇宙的光线让它产生了严重的失真。要是你想进一步确认的话，不妨仔细观察一下，你可以透过它的虚像看到后面的石块。"

汤普金斯先生试图伸手去摸那本小册子，但他的手却毫不费力地从虚像中穿了过去。

"现在，这本小册子实际上位于宇宙另一头的极点附近，"教授说，"你在这儿看到的只是它的两个虚像而已。第二个虚像在你身后。当这两个虚像合为一体，小册子就正好位于对面极点。"汤普金斯先生沉浸在自己的思绪中，完全没有听见教授的话。他努力回忆基础光学课的内容，试图弄清那些凹面镜和透镜到底是怎么成像的。当他终于决定放弃的时候，笔记簿的两个虚像已经再次反向退开了。

"可是，让空间弯曲、制造出所有奇怪现象的到底是什么力量呢？"他好奇地问道。

"这一切都源于大质量物质的存在。"教授回答，"牛顿发现引力定律的时候，他以为引力只是一种普通的力，仿佛两个物体之间存在一根看不见的弹簧。但是，在引力的作用下，任何尺寸、任意重量的所有物体都拥有同样的加速度、以同样的方式运动——当然，我说的是排除空气摩擦力及其他类似阻力的影响以后——这到底是为什么呢？人们始终没能解开这个谜团。爱因斯坦首次明确提出，大质量物质的原发作用就是产生空间曲率，引力场内所有物体的运动轨迹都会发生弯曲，唯一的原因在于，空间本身是弯曲的。但我觉得，没有足够的数学知识，你可能很难理解这一点。"

"是啊，"汤普金斯先生坦承，"不过请告诉我，如果宇宙中没有物质，那么老师教的几何学是不是就能成立了？平行线永不相交？"

"平行线倒是不相交了，"教授回答，"但也永远不会有物质材料组成的生物去验证这一点。"

"呃，也许欧几里得根本就不存在，所以也不会有人建立一套描述绝对真空的几何学？"

但教授显然不想讨论这个形而上的问题。与此同时，笔记簿的虚像再次渐行渐远，又再次去而复返。现在它看起来更破旧了，上面的字迹几乎无法辨认；根据教授的说法，这是因为现在成像的光线已经绕着宇宙跑了整整一圈。

"要是你再回头观察一下，"他告诉汤普金斯先生，"你就会看到，我的小册子完成了环游宇宙的壮举，终于真的回来了。"他伸手抓住笔记簿，然后将它揣回了衣兜里。"你看，"他说，"这个宇宙中的灰尘和石头太多，你几乎不可能看透整个世界。你也许注意到了我们周围这些奇形怪状的影子，它们很可能是我们自己和周围物体的虚像。但灰尘和宇宙的不规则弯曲造成了严重的失真，我完全分不清这些虚像对应的到底是哪个实体。"

"我们以前生活的那个大宇宙里也会出现这样的现象吗？"汤普金斯先生问道。

"噢，当然，"教授回答，"但那个宇宙太大了，光线需要花费亿万年的时间才能跑上一圈。你的确可以不用镜子就看到自己后脑勺的发型，但这得等到你剪完头发亿万年以后。另外，更可能发生的事情是，星际尘埃完全遮挡了你的虚像。顺便说一句，曾经有位英国天文学家半开玩笑地说，天空中的某些星星可能早就不存在了，我们现在看到的只是它留下的影子。"

汤普金斯先生厌倦了竭尽全力理解教授的种种解释，他开始心不在焉地左顾右盼，结果惊讶地发现，天空中的景象完全变了。空中的灰尘似乎少了很多，他摘下蒙在脸上的手帕，周围飞掠而过的小石头变得稀疏多了，它们撞击巨石的力道也轻了不少。另外，刚开始他发现的那几块和他所在的这块大小相仿的巨石已经远得几乎看不见了。

"呃，这会儿的日子显然比刚才好过多了。"汤普金斯先生想道。"我一直担心那些飞来飞去的石头可能会砸到我。

你能解释我们周围发生的变化吗？"他转头询问教授。

"很简单。我们的小宇宙正在飞速膨胀，从我们来到这里开始，它的直径从 5 英里左右膨胀到了 100 英里左右。我刚到这里就注意到了宇宙膨胀引发的远方物体红移。"

"呃，我也发现了，远处的所有东西看起来都是粉红色的。"汤普金斯先生说道，"但这和宇宙膨胀有什么关系呢？"

"你有没有注意过，"教授说，"火车离你越来越近的时候，它的汽笛声听起来越来越尖厉；但只要车头从你身边开了过去，汽笛声马上就变得低多了？这就是所谓的多普勒效应：声源的速度决定了音调的高低。既然整个宇宙都在膨胀，那么相对于观察者来说，宇宙中的所有物体都在离他远去，其速度与距离成正比。因此，这些物体发出的光也会变红，在光谱中体现为更低的频率。对我们来说，越远的物体运动速度越快，看起来也越红。在我们原来的那个宇宙（它同样在膨胀）中，这种所谓的红移现象让天文学家得以估算遥远星云的距离。比如说，仙女座星云是离我们最近的星云之一，它表现出了 0.05% 的红移，这样的变化对应的距离是 80 万光年。还有一些星云位于最强大的望远镜的视野尽头，它们的红移值大约是 15%，这个值对应的距离差不多有几亿光年。假设这些星云大致位于宇宙赤道的中点，那么地球上的天文学家已知的宇宙体积在整个宇宙的总体积中占据了相当可观的比例。目前宇宙的膨胀的速率大约是每年 0.00000001%，所以它的半径每

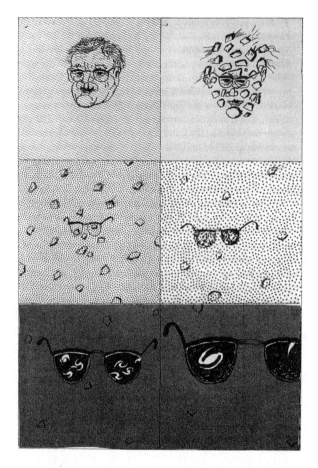

宇宙正在不断膨胀冷却。（摘自《悉尼每日电讯报》漫画，1960 年 1 月 16 日）

秒都会增加 1000 万英里。相对来说，我们这个小宇宙膨胀的速度要快得多，它的直径每分钟都要增长 1% 左右。"

"这样的膨胀会永远持续下去吗？"汤普金斯先生问道。"当然不会。"教授回答，"膨胀结束后，它就会开始收缩。每个宇宙的半径都会在极大值和极小值之间脉动振荡。对我们原来那个大宇宙来说，这个周期十分漫长，可能有几十亿年，但现在的小宇宙脉动周期大约只有两个小时。我觉得现在它的直径已经达到了最大值，周围已经很冷了，你注意到了吗？"

事实上，由于体积的膨胀，小宇宙中充斥的热辐射已经变得非常稀薄，分摊到他们这颗小星球上的更是少之又少，气温几乎降到了冰点。

"对我们来说幸运的是，"教授说，"这里有足够多的初始辐射，哪怕宇宙膨胀到了这个地步，我们仍能享受到一些热量。不然的话，要是温度下降得太厉害，周围的空气可能变成固体，我们也会被冻死。但收缩已经开始了，宇宙很快就会回暖。"

汤普金斯先生望向天空，发现远方的所有物体都从粉红色变成了紫色，按照教授的解释，这是因为所有天体都转而开始逼近他们。他还记得教授刚才举的火车驶近时汽笛音调变高的例子，然后吓得一哆嗦。

"既然现在万事万物都在收缩，那么要不了多久，宇宙中的这些大石头不就会挤成一团，把我们夹在中间？"他紧张地问道。

"完全正确，"教授冷静地回答，"不过我觉得吧，等不到那时候，温度就会变得很高很高，我们俩都会被分解成离散的原子。这也是我们那个大宇宙走向末日的缩微版本——万事万物最终都会化作一团均匀的气体球，等到宇宙重新开始膨胀，新生命才会再次萌芽。"

"我的老天爷呀！"汤普金斯先生喃喃地说——"你刚才说过，那个大宇宙要到亿万年后才会走向末日，但现在我们的末日近在眼前！我已经觉得很热了，虽然我只穿了件睡衣。"

"最好别脱，"教授说，"反正脱了也没用。躺下来静静观察就好。"

汤普金斯先生没有回答，滚烫的空气热得让他无法忍受。空气中的尘埃再次变得密集起来，被这些灰尘簇拥其中，他觉得自己就像裹着一条柔软而温暖的毯子。他努力挣扎了一下，他的手触摸到了凉爽的空气。

"难道我把这个荒凉的宇宙戳了个洞？"这是他脑子里掠过的第一个念头。他想问问教授，但却找不到老头的身影。借着朦胧的晨光，他倒是认出了卧室里熟悉的家具轮廓。

他裹着羊毛毯子好好地躺在床上，刚才他的一只手正好从毯子里伸了出来。

"新生命随着宇宙的膨胀而萌芽。"他想起了教授的话，"谢天谢地，我们的宇宙还在继续膨胀！"然后他决定起床去洗个澡。

6 宇宙歌剧

那天吃早饭的时候，汤普金斯先生给教授讲了自己昨晚的梦，老头听得半信半疑。

"宇宙坍缩，"他说，"这样的末日当然很壮丽，不过要我来说的话，现在星系彼此远离的速度实在太快，我们的宇宙可能永远不会坍缩，而是无限膨胀下去，直到太空中的星系变得越来越稀疏。等到组成星系的所有恒星都耗尽了核燃料，最终熄灭，宇宙中只剩下无数弥散的冰冷黑暗的天体。"

"但也有一些天文学家有不同的意见。他们提出了所谓的稳定态宇宙学，根据这套理论，宇宙不会随时间而改变：从无限远的过去开始，它就已经成为我们现在看到的样子，这种状态还将继续维持到无限远的未来。当然，这相当符合大英帝国千秋万代的老好愿景，但我个人却不太相信稳定态理论。顺便说一句，作为这套新理论的倡导者之一，剑桥大学的一位理论天文学教授以此为题写了一出歌剧，下周将在考文特花园首次公演。要不你订两张票，带莫德一起去听听？说不定很有意思呢。"

　　和海峡边的大部分海滩一样，他们度假的沙滩很快降温了，雨水连绵不断；从海边回来几天以后，汤普金斯先生和莫德舒舒服服地坐在歌剧院的红丝绒椅子里，等待幕布升起。冗长的前奏渐渐响起，在它结束之前，管弦乐队指挥已经换了两次大礼服的领子。等到大幕终于拉开，席间观众纷纷抬手遮住了自己的眼睛，舞台上的光芒实在太耀眼了。来自舞台的强光很快填满了剧院的所有空间，一

汤普金斯先生看到了一位身穿教士服、胸佩圣领的男士

64

楼的大厅和二楼的包厢看台都淹没在一片光海之中。

强光渐渐消散，汤普金斯先生发现自己漂浮在一片黑暗的空间中，周围有许多快速旋转的火炬，仿佛节日庆典的火圈。看不见的管弦乐队奏起了管风琴，汤普金斯先生看到一位身穿教士服、胸佩圣领的男士出现在自己身边。按照歌剧脚本上的介绍，这位来自比利时的乔治·勒梅特神父（Abbe Georges Lemaitre）首次提出了膨胀宇宙理论，也就是人们常说的"大爆炸"理论。

汤普金斯先生记得他唱的第一段咏叹调：

噢，原初的原子！

组成万物的原子！

渐渐破裂分散

形成星系，

携带着原初的能量！

噢，放射性原子！

噢，组成万物的原子！

噢，无所不在的原子——

造物主的杰作！

漫长的演化

犹如盛大的烟花

最终化为灰烬与尘埃。

我们站在无限的时间中

遥望熄灭的太阳，

永远铭记于心

它曾经的辉煌。

噢，无所不在的原子——

造物主的杰作！

　　勒梅特神父唱完这段以后，又出现了一位高个子男人，（还是脚本上写的），这位名叫乔治·伽莫夫的俄国物理学家过去三十年来一直在美国度假。他接着唱道：

好神父啊，我们的理解，

有许多共同之处。

宇宙从诞生之初

就开始不断膨胀。

宇宙从诞生之初，

就开始不断膨胀。

你说它在运动中膨胀，

遗憾的是，我并不赞同。

我们的理念分歧在于

原初的宇宙到底是什么样子。

我们的理念分歧在于

原初的宇宙到底是什么样子。

原始宇宙是一锅中子汤——而不是

你认为的初始原子。
它拥有无限大的体积，
也无限古老。
它拥有无限大的体积，
也无限古老。

在一座无限大的展厅里，
气体开始了命中注定的坍缩，
很多很多年（几十亿年）前，
它聚成了最致密的状态。
很多很多年（几十亿年）前，
它聚成了最致密的状态。

就在这个关键的时刻
宇宙迎来了辉煌的诞生。
光开始化为物质，
我这样唱，主要是为了押韵。
光开始化为物质，
我这样唱，主要是为了押韵。

成吨的辐射
化作一盎司物质，
通过这原初的伟大跨越，

宇宙开始了膨胀的脉动。

通过这原初的伟大跨越，

宇宙开始了膨胀的脉动。

光逐渐消逝，

几十亿年后……

物质超越了光，

成为宇宙中最丰富的存在。

物质超越了光，

成为宇宙中最丰富的存在。

然后物质开始聚集

（就像金斯假说[①]描述的那样）。

巨型气体云凝聚成团

这就是原始的星系。

巨型气体云凝聚成团

这就是原始的星系。

原始星系破碎，

洒向黑暗的夜空。

---

① 指詹姆斯·金斯爵士（Sir James Jeans）提出的解释行星成因的"潮汐假说"。他认为可能有另一颗恒星经过太阳附近，导致太阳物质大量流出，最终凝聚形成行星，但时至今日，这一理论并不为人们所普遍接受。

恒星就此诞生，

宇宙中又有了光明。

恒星就此诞生，

宇宙中又有了光明。

星系不停旋转，

恒星燃烧闪耀，

直到宇宙走向，

冰冷黑暗，没有生命的末日。

直到宇宙走向，

冰冷黑暗，没有生命的末日。

根据汤普金斯先生的记忆，第三段咏叹调的演唱者正是这出歌剧的作者本人，这位先生突然出现在明亮星系之间的太空中，他从兜里掏出一个刚刚诞生的星系，然后唱道：

天堂中的宇宙，

从不曾在时间中形成，

而是，一直是——

邦迪，戈尔德和我都这样认为。

噢，宇宙，噢，宇宙，一直就是这个样子！

我们提出了稳定态理论！

天堂 中 的 宇宙， 从

不曾 在 时间 中 形成，从 不 在 时间

中 形成， 形 成 而 是，一 直 是，一

直 都 是 这样，邦 迪，戈 尔 德 和 我 都 这样 认为。

副歌

不变，噢，宇宙，噢，宇宙，永 远 不变！我 们 提出 稳定 态 理 论！

衰老的星系会弥散，

燃尽，离开这个舞台。

但与此同时，宇宙本身

从过去，到未来，永远永远，

噢，宇宙，噢，宇宙，一直就是这个样子！

我们提出了稳定态理论！

无论过去还是现在，时时刻刻都有新的星系

从虚无中出现。

（勒梅特和伽莫夫，我无意冒犯！）

但无论如何，

噢，宇宙，噢，宇宙，一直就是这个样子！

我们提出了稳定态理论！

尽管他们的唱词令人耳目一新，但周围太空中的星系还是渐渐黯淡下去，最后，丝绒幕布再次垂了下来，歌剧院大厅天花板上的枝形吊灯取代了星系的位置。

"噢，西里尔，"他听见莫德轻声抱怨，"我知道不管在哪儿，你随时都能睡着，但这里是考文特花园！你错过了整幕演出！"

汤普金斯先生送莫德回家的时候，教授坐在安乐椅上，手里捧着最新一期的《皇家天文学会月报》。"啊，演出精彩吗？"他问道。

"噢，精彩极了！"汤普金斯先生回答，"我记得最清楚的是那段说宇宙永存不灭的咏叹调。听起来真让人宽慰。"

"面对那套理论，你得谨慎一点。"教授说，"你应该听说过那句谚语吧？'闪光的不一定是金子。'我刚刚读了剑桥大学另一位学者马丁·赖尔（Martin Ryle）的一篇文章，他造了一台巨型射电望远镜，它的观察范围比帕洛马山那台 200 英寸的光学望远镜还要远好几倍。赖尔的观察表明，和我们周围的空间相比，那些最遥远的星系要密集得多。"

"你的意思是不是说，"汤普金斯先生问道，"我们周围的星系相对比较稀疏，所以我们越往外走，就会发现星系分布得越密集？"

"不完全是这样，"教授回答，"你必须记住，由于光速有限，所以当你眺望宇宙深处的时候，实际上也是在眺望过去。举个例子，由于光需要 8 分钟的时间才能从太阳传到地球，所以地球上的天文学家观察到的太阳表面耀斑永远都有 8 分钟的延迟。我们在太空中最近的邻居是仙女座的一个旋涡星系——你肯定在天文学书籍上看过它的照片，这个星系和我们之间的距离大约有 100 万光年——但你看到的照片实际上是它 100 万年前的样子。因此，赖尔透过射电望远镜看到的——或者我应该说听到的——是远方的宇宙几十亿年前的样子。如果宇宙真的处于稳定态，那么它的照片应该不会随时间而改变，现在我们在地球上观察到的远方星系密度应该和近处一模一样，既不会更稀疏，也不会更密集。因此，赖尔观察到远方的星系更加密集，这等于是说，几十亿年前，宇宙中所有地方的星系都分布得比现在更密。这个结果显然和稳定态理论格格不入，反倒证实了我们原来的那个观点：星系正在弥散，宇宙中的星系密度正在下降。不过当然，我们必须小心起见，等待新的观测数据来进一步验证赖尔的结论。"

"顺便说一句，"教授从衣兜里掏出一张叠好的纸，"我一位爱好诗歌的同事刚写了一首打油诗，讲的也是这方面的事儿。"

他展开纸片读了起来：

"你多年来的辛苦工作，"
赖尔告诉霍伊尔，
"全都是白费功夫。相信我。
稳定态理论
已经过时了。
除非我的眼睛欺骗了我。"

我的望远镜
碾灭了你的希望；

74

你的理论已经被驳倒。
我来简单说两句：
我们的宇宙
正在慢慢变得越来越稀疏！

霍伊尔说，"我注意到，
你引用了勒梅特，
和伽莫夫。哎哟，忘了他们吧！
他们早已误入歧途
还有他们的大爆炸理论——
为什么还要支持他们？"

你看，我的朋友，
从来就没有什么末日
也无所谓开始，
正如邦迪，戈尔德
和我坚持的，
哪怕我们的头发日渐稀疏！

"这绝不可能！"赖尔叫道，
"我强压怒火
冷静地告诉你；
我已经看到

遥远的星系

更紧地挤在一起！"

"你真的把我惹火了！"

霍伊尔大喊，

他再次重申；

"新物质诞生于

每个夜晚和清晨，

宇宙的画面始终不变！"

"得了吧，霍伊尔！

我现在就能

驳倒你。"（有趣的事情开始了？）

"要不了多久，"

赖尔继续说，

"我就会让你清醒过来！"★

　"啊，"汤普金斯先生说，"真想早点看到这场争论的
结果！"他吻了吻莫德的脸颊，向这对父女道了晚安。

　★就在本书首印之前两周，F. 霍伊尔发表了一篇题为
《宇宙学新进展》（《自然》，1965 年 10 月 9 日，PIII）的
文章，他在文中写道："赖尔和他的同事记录的无线电信号

表明……过去的宇宙比现在更拥挤。"但作者仍然决定保留"宇宙歌剧"这一章中的打油诗,因为歌剧一旦完成即成经典。事实上,时至今日,即使苔丝狄蒙娜已经被奥赛罗扼住了脖子,但她在死前还是会唱一段优美的咏叹调。

7 量子桌球

最近银行正在做土地管理局的一个项目，汤普金斯先生成天忙得晕头转向。这天回家的时候，他路过一间酒吧，于是决定进去喝一杯。麦芽酒一杯接一杯下了肚，汤普金斯先生很快有了几分醉意。酒吧后面有一间桌球室，巨大的球桌旁边挤满了穿短袖衫的男人。他隐约记得自己以前来过这里，当时一位同事教过他打桌球。汤普金斯先生走到桌边开始观战。这种游戏看起来真是怪极了！一位玩家把球放在桌上，然后挥杆击中了它。紧盯着滚动的桌球，汤普金斯先生惊讶地发现，眼前的小球开始"弥散"。对于桌球的古怪行为，他只能想出这么个词儿来描述：绿色桌布上滚动的桌球变得越来越模糊，渐渐失去了清晰的边界。眼前的桌球看起来似乎不是一个，而是很多个，它们挤成一团，彼此部分重叠。这样的景象汤普金斯先生并不陌生，但今天他一滴威士忌也没喝，所以他实在不明白，这到底是怎么回事。"呃，"他想道，"我倒想看看，这样的桌球怎么能击中另一个球。"

击球的玩家显然是个高手，滚动的桌球准确地击中了另一颗球。一声撞击的脆响之后，原来那颗桌球和被击中的球（汤普金斯先生已经分不清它们谁是谁了）同时"滚向四面八方"。是的，听起来是很奇怪；眼前的桌球不再是两个，而是很多很多个，每一个都很模糊，它们从初始的撞击点出发，飞向180度范围内的所有方向，看起来就像一道特殊的波。

不过汤普金斯先生注意到，初始撞击方向的那一波球看起来最实在。

"S波的散射。"一个熟悉的嗓音出现在他身后，汤普金斯先生认出了教授的声音。"可是，"汤普金斯先生困惑地问道，"难道这里也有什么东西是弯曲的吗？桌子看起来很平啊。"

"你说得对极了，"教授回答，"这里的空间相当平坦，你观察到的实际上是一种量子现象。"

"噢，你说的是矩阵！"汤普金斯先生略带讽刺地说。

"或者说运动的不确定性。"教授回答。

"桌球室的主人在这儿放了几件，呃，或许可以说，具备'宏观量子效应'的物品。事实上，自然界的所有物体都遵循量子定律，但主宰这种现象的所谓量子常数非常非常小；确切地说，它的小数点后面足足有27个零。不过，对于你眼前的这几个桌球来说，适用于它们的量子常数要

白球飞向四面八方

大得多——几乎接近整数——所以你才能凭肉眼轻松观察到量子现象，要知道，平常科学家必须依靠非常灵敏的高精度观测手段才能看到这种现象。"说到这里，教授若有所思地沉默了片刻。"我无意批评，"他继续说道，"但我很想知道这些桌球他是从哪儿弄来的。严格地说，它们根本不可能存在于这个世界上，因为我们这个世界的所有物体都应该遵循同样的量子常数。"

"也许这些桌球是其他世界的舶来品，"汤普金斯先生提出了一种可能性，但教授并不满意。"你已经看到了，"

他继续说，"这些球会'弥散'。这意味着这张桌子上的位置并不确定。你不可能准确指明某个球的确切位置，充其量只能说，这个球'有很大概率位于这里'，但'也可能出现在那里'。"

"真是太奇怪了。"汤普金斯先生咕哝着说。

"恰恰相反，"教授反驳道，"这一点也不奇怪。从某种意义上说，所有物体都处于这种不确定的状态下。只是因为量子常数的值很小，我们日常的观测手段又太粗疏，人们才一直没有发现这件事。他们错误地认为，位置和速度都是确定的量。但实际上，这两个物理量都具有一定程度的不确定性，其中一个量越准确，另一个量就越弥散。量子常数控制的只是这两个量的不确定性之间的关系。——你瞧，我这就去找个木头三角框，把桌球放到里面，以此来限制它的位置。"

教授刚把球放进去，整个三角框里立即处处都是象牙色的影子。

"你看！"教授说，"我将桌球的位置限制在了三角框的范围内，这个空间的跨度大约只有几英寸，所以它的速度变得很不确定，桌球开始在框里高速运动。"

"你就不能让它停下来吗？"汤普金斯先生问道。

"不行——从物理上就不可能。封闭空间内的任何物体必然产生一定的运动——我们物理学家称之为'零点运动'，例如任意原子内部的电子运动。"

桌球在三角框里左冲右突，就像笼子里的老虎一样，就在这时候，奇怪的事情发生了。框里的球突然穿过三角框"漏"了出去，下一秒钟，它已经滚向了球桌对面的角落。奇怪的地方在于，这颗球并没有离开桌面，它不是从框里"跳"出去的，而是径直"穿透"了木框。

"呃，瞧啊，"汤普金斯先生说，"你的'零点运动'逃跑啦。这也符合量子定律吗？"

"当然。"教授回答，"事实上，这是量子理论最有趣的推论之一。如果物体拥有足以穿透壁垒逃逸的能量，你就不可能将它束缚在封闭的空间内。它早晚会'穿透'障碍，扬长而去。""那我再也不去动物园了。"汤普金斯先生断然表示，他已经在脑子里迅速描绘出了狮子和老虎从笼子里"漏"出来的生动画面。然后他的思绪突然拐了个奇怪的弯：他开始想象一辆汽车穿透墙壁从锁好的车库里"漏"出去的情景，就像中世纪的老好鬼魂一样。

"我得等多久才能看到，"他向教授询问，"一辆汽车从，呃，比如说，砖砌的车库里漏出去？当然，这辆车不是什么特殊材料制成的，它的原料就是普通的钢铁。我真想看看这样的画面！"

教授迅速心算了一番，然后告诉他："这大概得等到1000000000……000000年以后吧。"

虽然汤普金斯先生早就习惯了银行账户里的天文数字，但教授刚才念的一长串零还是听得他晕头转向——不过他

就像中世纪的老好鬼魂一样

至少不用担心自己的车会偷偷溜走了。

"就算你刚才说的我照单全收，可我还是不明白，我们怎么才能观察到这种现象呢？我是说，假如没有这些奇怪桌球的话。"

"你的疑惑非常合理，"教授说，"当然，我绝不是说，你能在日常的宏观物体上观察到量子现象。但重点在于，对于原子或电子这类非常非常小的物体来说，量子定律产生的效应会变得明显得多。对这些粒子来说，量子效应的影响太大，普通的力学定律反而不适用了。两个原子之间的碰撞看起来和你刚才观察到的那两个桌球的碰撞几乎一模一样，原子内部的电子运动则类似刚才我放进框里那个桌球的'零点运动'。"

"那么原子会经常从车库里漏出来吗？"汤普金斯先生问道。

"噢，会的。你肯定听说过放射性物质，这种物质的原子会自发破碎，释放出高速粒子。这样的原子——确切地说，是原子的核心部分，我们称之为原子核——就像一座车库，它内部的其他粒子就是停在库里的汽车。这些粒子的确会穿透原子核漏到外面——有时候它们甚至不肯在车库里待上一秒。对这些原子核来说，量子现象非常普遍！"

跟教授聊了这么半天，汤普金斯先生觉得很累，他开始漫无目标地环顾四周，他的目光落在了房间角落的一座老式座钟上面。古色古香的长钟摆正在慢悠悠地来回晃荡。

"你似乎对这口钟很感兴趣。"教授说，"事实上，它也代表着一种非同寻常的机制——只是现在已经过时了。这口钟代表着人们对量子现象最初的认识，它的钟摆采用了特殊的安装方式，你只能通过有限的步骤来扩大钟摆的振幅。但是现在，所有钟表匠人都更偏爱新的离散钟摆。"

"噢，要是我能弄明白这些复杂的事儿就好了！"汤普金斯先生叹道。

"很好。"教授回答，"刚才我正准备去学校做一堂关于量子理论的讲座，但我透过酒吧窗户看到你在里面，所以我才走了进来。现在我该动身啦，不然就得迟到了。你愿意和我一起去吗？"

"噢，我愿意！"汤普金斯先生回答。

和往常一样，大礼堂里挤满了学生，虽然汤普金斯先生只能在台阶上找个座位，但他还是很高兴。

女士们，先生们：

通过前面两次讲座，我试图向大家介绍，物理速度上限的发现和对直线定义的深入分析如何引领我们彻底重构了经典的时空观。不过，对物理学基础的批判性分析并未止步于此，事实上，我们已经有了一些更惊人的发现和结论。我指的是物理学中名为"量子理论"的分支，这套理论和时空本身的性质关系不大，它主要研究的是物体在时空中的运动和互动。经典物理学中有个不言自明的理想前提：两个互动物体的尺寸可以根据实验需求无限缩小，甚至可以缩小到零。比如说，研究某个特定过程产生的热量时，如果你担心温度计的引入可能带走部分热量，从而干扰目标过程的正常进程，那么实验者可以换个更小的温度计，甚至换成微型热电偶，借此将干扰降低到不会影响实验准确性的程度。

人们坚信，从原则上说，我们可以无限提高任意物理过程的观察精度，观察本身绝不会干扰实验结果；我们的信念如此强烈，以至于不曾有人费心对此做出明确的阐述，关于实验精度的所有问题都被归结为纯粹的技术障碍。但是，从 20 世纪初开始，日渐积累的大量观察事实迫使物理学家得出了一个新的结论：实际情况比我们原本以为的复杂得多，自然界中的确存在某种无法逾越的相互作用的下限。对于我们在日常生活中熟悉的所有过程来说，这个自然下限都小得可以忽略不计，但是，如果我们研究的是原子和分子这类尺度极小的系统的相互作用，自然下限的重要性就立即凸显出来。

1900 年，德国物理学家马克斯·普朗克（Max Planck）在研究物质与辐射的理论平衡条件时惊讶地发现，这样的平衡不可能存在，除非我们假设物质与辐射的相互转换并不是像人们曾经认为的那样连续发生，而是由一连串独立的"小包裹"组成，这样的转换存在一个确定的基本能量单位。为了达到理想平衡，构建一套符合实际观察结果的理论，我们有必要引入一个简单的数学比例，用它来描述每个"小包裹"携带的能量和引发能量转移的过程的频率（逆周期）之间的关系。

因此，普朗克引入了比例系数"h"，能量转移的最小单位——或者说量子——可以表达为：

$$E = h\nu \quad (1)$$

其中 v 代表频率。常数 h 的值为 6.626×10^{-27} 尔格·秒，人们通常称之为"普朗克常数"或"量子常数"。正是因为量子常数的值非常非常小，所以我们在日常生活中通常不会观察到量子现象。

几年后，在普朗克的基础之上，爱因斯坦进一步得出结论：定量离散的不光是物质释放的辐射，事实上，所有能量都由一定数量的离散的"能量包裹"组成，爱因斯坦称之为"光量子"。

由于光量子一直在运动，那么除了自身能量 hv 以外，它还应该具备一定的动量，根据相对论力学，光量子拥有的动量值等于它自身的能量除以光速 c。再考虑到光的频率与波长之间的关系为 $v = c/\lambda$，因此，一个光量子拥有的机械能应该表达为：

$$P_{粒子} = \frac{hv}{c} = \frac{h}{\lambda} \quad (2)$$

由于运动物体撞击产生的机械作用取决于它的动量，因此我们得出结论：光量子的波长越短，它的作用就越强。

光量子的概念及其能量与动量的描述是否正确，这方面最佳的实验证据来自美国物理学家阿瑟·康普顿（Arthur Compton）；他研究了光量子和电子之间的碰撞，最终得出结论：由光线激发的运动电子，其行为与粒子激发的电子完全相同，且该粒子的能量与动量完全符合上述方程的描述。与此同时，与电子发生碰撞后，光量子本身（的频率）也会发生一定的变化，而且这种变化完全符合理论预测。

现在我们可以说，就物质相互作用的层面而言，辐射的量子特性已经很好地得到了实验证明。

丹麦著名物理学家尼尔斯·玻尔（Niels Bohr）对量子理论做出了进一步的拓展，1913 年，玻尔首次提出，任何机械系统的内部运动只可能拥有一系列离散的能量值，它的运动状态只能通过有限的步骤加以改变，而且这个转换过程必然释放出一定的能量。定义机械系统可能状态的数学规则比辐射模型复杂得多，我们在此不必深入讨论。我只想告诉大家，就像光量子的动量由光的波长决定一样，机械系统内部任何运动粒子的动量都取决于它所在空间的几何尺寸，因此，这些运动粒子的动量值可表达为：

$$P_{粒子} \approx \frac{h}{l} \quad (3)$$

式中的 l 代表粒子运动区域的线性尺寸。由于量子常数的值非常非常小，所以只有在原子和分子内部这样极小的空间中，运动的量子现象才会表现得格外明显，在我们深入了解物质内部结构的过程中，它扮演着非常重要的角色。

微观机械系统内部存在一个离散的状态序列，这方面最直接的证据来自詹姆斯·弗兰克（James Franck）和古斯塔夫·赫兹（Gustav Hertz）的实验，他们用各种能量的电子轰击原子，结果发现，入射电子的能量必须达到特定的离散值，原子的状态才会发生确切的变化。如果电子能量低于某个阈值，那么实验者无论如何都观察不到原子有任何变化，因为单个电子携带的能量不足以让原子从初始的量子态跃迁到下一个量子态。

因此，在量子理论发展的初始阶段，我们可以说，这套理论不是对经典物理学基本概念和原理的简单修正，反倒更像是某种人为的限制：经典物理认为运动是连续的，量子理论却从这种连续的状态中挑选出了一系列"被允许"的离散值来，这样的量子条件多少显得有些神秘。但是，如果我们深入探查经典力学定律与科学家通过实验观察到的量子条件之间的关系，那么你会发现，从逻辑上说，二者存在根本的矛盾，我们通过实验得出的量子约束条件推翻了经典力学的基本概念。事实上，按照经典理论的基本描述，在任意给定时刻，任何运动粒子必然在空间中拥有确定的位置和速度；它的位置会随时间而变化，从而产生一条轨迹。

位置、速度和轨迹的基本概念是经典力学这幢精妙建筑的基石，和我们熟悉的所有物理概念一样，它们来自我们对周围世界的观察和归纳；但是，随着我们求知的脚步不断前进，深入未知的新领域，这些概念也可能像经典时空观一样需要做出修正。

如果我随便找个人问，你为什么相信任意运动粒子在任意时刻必然占据一个确定的位置，而且它的位置必将随着时间的流逝形成一条轨迹，那么他很可能回答说："因为我亲眼看见，物体就是这样运动的。"我们不妨深入分析一下，"运动轨迹"这一经典概念到底是怎么形成的，看看这套方法是否必然得出一个确定的结果。为了达到这个目的，我们不妨想象一位物理学家，他试图利用世界上最灵敏的设备追踪从实验室墙上抛出的一个微型物体的运动。他决定通过"看"的方式观察物体的运动，因此他挑了一台高精度小型经纬仪。当然，要看到这个运动物体，首先他得把它照亮；这位物理学家知道，一般来说，光会对物体产生压力，从而干扰它的运动，于是他决定采用手电筒照明，只有在需要观察的那一刻才打光。第一次尝试的时候，他只想观察轨迹上的 10 个点，因此他挑了一支光线很暗的手电，哪怕连续照亮 10 次，它产生的总光压也不会超过观察精度允许的误差范围。在物体坠落的过程中，这位物理学家按亮了 10 次手电，最终以他希望的精度获得了轨迹上的 10 个点。

现在，他想重复这个实验，测量 100 个点。他知道 100 次连续照明会过度干扰物体运动，所以这一次，他选择的手电筒亮度只有原来的 1/10。实验进行到第三轮，测量的点增加到了 1000 个，手电筒的亮度也变成了初始值的 1/100。

就这样，物理学家不断降低照明亮度，通过这种方法，他可以测量物体运动轨迹上任意数量的点，而不会增加实验误差。这个过程十分理想化，但从原理上说完全可行，要"观察运动物体"，描绘它的运动轨迹，这是一种十分符合逻辑的方法；如你所见，在经典力学的框架下，这种方

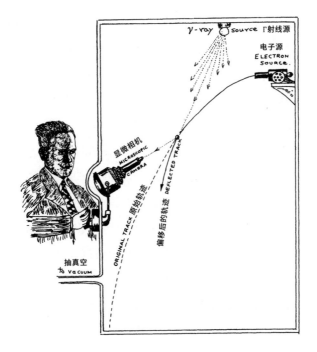

海森堡的 γ 射线显微镜

法完全能够实现。

　　但是现在，如果引入量子下限，再考虑到任何辐射都只能以光量子的形式传递，我们看看这时候会发生什么。在刚才的实验中，观察者不断降低照明光源的亮度，但在引入了新的限制条件之后，当光源亮度降低到一个量子以后，他就没法进一步降低亮度了。运动物体要么被这一个光量子照亮，要么完全不会反射任何光，而在第二种情况下，观察根本无法进行。当然，我们已经看到，光量子碰撞产生的效果会随着波长的增加而减弱，我们的观察者也深知这一点，所以他肯定会尽量增大光源波长，借此提升观测点的数量。但是这样一来，他又会遇到另一个障碍。

众所周知，在特定波长的光线下，你不可能看到尺寸小于光波波长的细节，这就像你不可能用粉刷匠的刷子画出波斯细密画来！因此，随着光源波长不断增大，实验者观察到的物体位置会变得越来越不精确，要不了多久，测量结果的误差就会变得跟实验室自身的尺寸差不多大了。因此，我们的物理学家必须在观察点的数量和每次观察的准确度之间做出妥协，他也永远不可能获得足够数量的点，画出一条数学意义上的精确轨迹，就像经典理论要求的那样。他能得到的最好的结果无非是一条宽而模糊的条带，这条基于实际实验画出的轨迹显然和经典定义下的"轨迹"很不一样。

刚才我们讨论的测量方法基于视觉观察，接下来我们可以试试另一种可能性，利用机械方法测量物体运动轨迹。为了达到这个目的，我们的实验者可以设计一种小型机械装置，譬如挂在弹簧上的小铃铛，它能记录从附近经过的物体的运动路径。实验者可以在物体即将行经的空间中挂满这样的"铃铛"，物体开始运动以后，"铃声"会暴露它的轨迹。在经典物理学框架下，这些"铃铛"可以做得无限小、无限灵敏，有了无限多个无限小的铃铛，我们自然能以无限高的精度绘制出经典物理学意义上的运动轨迹。但是，机械系统的量子

挂在弹簧上的小铃铛

约束条件将再次破坏我们的美梦。如果"铃铛"的尺寸太小，那么根据方程式（3），它从运动物体处获得的动量就会变得太大，那么哪怕只有一个铃铛被碰响，这也将严重干扰物体的运动。反过来说，要是铃铛的尺寸太大，那么每个观测点测得的位置的不确定性也会变得很大，最终我们获得的轨迹依然是一条弥散的条带！

刚才我讲的这些观察绘制物体运动轨迹的方法可能技术性太强，也许你会觉得，就算我们的观察者不能通过这些简单的工具准确绘制轨迹，也总有别的更精密的设备能帮助他达成目标。但我必须提醒你，刚才我们讨论的不是某个物理实验室里的具体实验，而是理想化的最常用的物理测量方法。测量工具与被观察物体互动的方式无非两种：一种是辐射类的，譬如我们在第一个实验中用来照明的光；另一种是机械类的，例如第二个实验里的铃铛。只要你采用的测量方式不超出这两个大类的范围，它必然可以简化为上述两种模型之一，最终我们也必然得出同样的结果。既然这两种理想"测量装置"涵盖了物理世界的所有可能性，那么我们最终得出结论：在量子力学的领域里，所谓的"准确位置"和"精确轨迹"根本就不存在。

现在，我们不妨和这位物理学家一起，试着用数学表达式来描述量子约束条件。我们已经看到，无论采用哪种方法，对物体位置的测量必然干扰它的运动速度。如果采用视觉测量的办法，那么根据动量守恒定律，光量子的碰撞会让粒子的动量产生一定的不确定性，其大小与光量子本身的动量相当。所以利用方程式（2），我们可以将该粒子动量的不确定性表达为：

$$\Delta p_{粒子} \approx \frac{h}{\lambda}\ (4)$$

别忘了，该粒子位置的不确定性取决于光的波长（$\Delta q \approx \lambda$），由此推出：

$$\Delta p_{粒子} \times \Delta q_{粒子} \approx h\ (5)$$

若是采用机械方式来测量，运动粒子动量的不确定性取决于"铃铛"获取的动量值。利用方程式（3），再考虑到运动物体位置的不确定性取决于铃铛尺寸（$\Delta q \approx l$），我们最终得出的方程和第一个例子完全一样。因此，德国物理学家维尔纳·海森堡（Werner Heisenberg）首次提出的方程式（5）描述了量子理论的基本不确定性关系——你对物体位置测量得越准确，它的动量就越不准确，反之亦然。

考虑到动量取决于运动粒子的质量和速度，我们可以说：

$$\Delta v_{粒子} \times \Delta q_{粒子} \approx \frac{h}{m_{粒子}} \quad （6）$$

对于我们在日常生活中经常接触的物体来说，这个值小得离谱。比如说，如果一粒花粉的质量是 0.0000001克，那么我们测得的它的位置和速度的精度都能达到 0.00000001%！不过对于质量只有 10^{-27} 克的电子来说，$\Delta v \times \Delta q$ 差不多能达到 6.6 厘米 ^{2}/秒。原子内部的电子速度至少应该达到 $\pm 10^8$ 厘米/秒的精度，否则它就会从原子中逃逸出去，这样一来，电子位置的不确定性必然小于 10^{-8} 厘米，这正好相当于一个原子的尺寸。因此，原子内部电子的"运动轨道"必然呈弥散的雾状，其轨迹"厚度"正好等于轨道"半径"。所以电子看起来就像同时出现在原子核周围的所有位置一样。

刚才的 20 分钟里，我一直试图向你介绍我们对经典运动概念的批判分析带来的灾难性后果。简洁优雅的经典定义彻底崩塌，取而代之的是一锅不成形状的糊糊。你可能很自然地想问我，在这片不确定性的汪洋大海中，物理学家到底打算怎么描述各种现象。很遗憾地告诉你，我们现在虽然已经摧毁了经典的概念，但还没有来得及构建准确的新概念。

不过我们应该尝试一下。由于运动粒子的位置和轨道都处于弥散的状态下，无法用数学意义上的点和轨迹来描述，那么显而易见，我们应该想一些别的办法来描述这锅"糊糊"在空间中不同位置的密度。从数学角度来说，我们可以利用连续函数（就像流体力学那样）；从物理角度来说，我们可以采用这一类的表达："这件物体有很大概率位于这里，但也可能出现在那里，甚至更远的地方"或者"这枚硬币有75%的概率出现在我的衣兜里，还有25%的概率出现在你的衣兜里"。我知道，听到这些句子你恨不得转头就跑，但是，由于量子常数的值很小，这样的表达你在日常生活中永远都用不上。不过，要是你想研究原子物理，那我强烈建议你先习惯这样的表达。

　　在此我必须警告你，"描述'存在密度'的函数在我们日常的三维空间中具有物理意义"，这是一个错误的观念。事实上，要想描述，呃，比如说两个粒子的行为，那么首先，你必须分别描述这两个粒子在同一时刻的位置；要完成这个目标，我们必须使用一个拥有六个变量（每个粒子需要三个坐标）的函数，它可没法"具体落实"到三维空间中。系统越复杂，函数的变量就越多。从这个意义上说，"量子力学函数"约等于经典力学粒子系统中的"势函数"或者统计力学系统中的"熵"。它只能描述运动，并帮助我们预测给定条件下特定运动的结果。只有我们描述的粒子运动才具备实际的物理意义。

以一定精度描述粒子或粒子系统位置的函数需要一个数学符号来代表，奥地利物理学家埃尔温·薛定谔（Erwin Schrodinger）第一次写出了定义这类函数的方程式，他采用的数学符号是"ΨΨ"。

我并不打算在这儿深入介绍薛定谔基本方程的数学证明过程，但我必须提醒大家注意，物理学家为什么要引入这个符号。他们当然有很多理由，但其中最重要的一条理由十分出人意表：方程必须写成一种特殊的形式，在这种形式下，描述物质粒子运动的函数应该表现出波的所有特质。

物质粒子的运动必须拥有波的特性，这最初是由法国物理学家路易·德布罗意（Louis de Broglie）基于对原子结构的理论研究而提出的。接下来的几年里，大量实验确凿无疑地证明了物质粒子的运动的确拥有波的特性，比如说，电子束在穿过小豁口的时候会发生衍射，就连分子这样相对较大的复杂粒子也会发生干涉现象。

物质粒子为什么会表现出波的特性？经典的运动概念绝对无法解释这样的现象，德布罗意被迫提出了一个不太自然的观点：粒子总是"伴随"着特定的波，或者可以说，这些波"指引"着粒子运动。

不过，经典概念被推翻以后，我们开始用连续的函数来描述运动，对波的特性的需求就变得容易理解多了。这只能说明，"ΨΨ"函数的传播不同于（比如说）热量在单侧加热的墙壁中的传播，而更类似机械形变（声音）在墙壁中的传播。从数学角度来说，我们需要的是一个形式相当严格的准确方程。考虑到这样的基本情况，再加上一个额外的需求：对于量子效应不明显的大质量粒子来说，我们的方程应该和经典力学方程保持一致，最终我们发现，寻找这个方程实际上是个纯粹的数学问题。

如果你想知道这个方程的终极形态，我可以写给你看：

$$\nabla^2\Psi + \frac{4\pi mi}{h}\,\dot{\Psi} - \frac{8\pi^2 m}{h}\,U\Psi = 0 \quad (7)$$

在这个方程中，函数 U 代表作用于粒子（质量为 m）的力的势，对于任意给定分布的力造成的运动，U 给出了一个确定的解。"薛定谔波动方程"（即方程 7）问世后的四十年里，物理学家利用它为原子世界里发生的所有现象描绘了一幅最完备、最自洽的图景。

有的人可能想问，人们在讨论量子理论时常常提起"矩阵"，但我为什么直到现在都没说过这个词儿。我必须承认，我个人不太喜欢矩阵，所以我会尽量避开它们。不过，为了让你不至于完全错过这件研究量子理论的数学工具，我还是决定说上一两句。正如你已经看到的，粒子或者复杂力学系统的运动总能描述为特定的连续波函数。这些函数通常相当复杂，但它们可以转化为一组相对简单的振动，即所谓的"本征函数"，就像一个复杂的声音可以拆解为一系列简单的谐波音调一样。

你可以用不同组件的振幅来表达整体的复杂运动。由于组件（泛音）的数量是无限的，所以每个组件对应的振幅只能写成一张无限长的表格：

q_{11} q_{12} q_{13} ……

q_{21} q_{22} q_{23} ……

q_{31} q_{32} q_{33} ……

…………

这样的表格遵从的数学运算规则相对比较简单，它就是给定运动的"矩阵"。有的理论物理学家更偏爱矩阵，不愿意直接使用原始的波函数，所以他们有时候会用"矩阵力学"这个词儿取代"波动力学"，但前者其实只是后者的数学表达形式；本系列讲座主要介绍的是物理学原理而非数学，所以我们不必深入探究这方面的问题。

很抱歉，由于时间所限，我无法继续介绍量子理论后来的发展以及它与相对论之间的关系。这方面的进展主要应该归功于英国物理学家保罗·阿德里安·莫里斯·狄拉克（Paul Adrien Maurice Dirac），他提出了很多非常有趣的观点，也引领我们在实验中做出了一些十分重要的发现。改天我们或许有机会回过头来讨论这些问题，但是现在，我必须停下来了。希望本系列讲座能帮助你更清晰地了解当今物理世界，并激励你关注未来的研究。

8 量子丛林

第二天一早，睡得迷迷糊糊的汤普金斯先生突然觉得房间里有人。他睁开眼睛转头四顾，发现他的老朋友教授正坐在扶手椅上，专注地研究摊在膝头的地图。

"你要一起去吗？"教授抬头问道。

"去哪儿？"汤普金斯先生一头雾水地反问，他很想知道教授是怎么进来的。

"当然是去看大象啦，还有量子丛林里的其他动物。前两天我们去过的那间桌球室的主人向我透露了他的秘密——他用来制作桌球的那些象牙是从哪儿弄来的。看到地图上我用红笔圈出来的地方了吧？看来这片区域内的所有东西都遵循一个非常大的量子常数。当地人觉得那是魔鬼的国度，我很担心到时候找不到向导。不过要是你想去的话，那最好快点儿。船再过一个小时就要起航了，我们还得顺路去接理查德爵士呢。"

"理查德爵士是谁？"汤普金斯先生问道。

"你竟然没听说过他吗？"教授惊讶极了，"他是一位著名的猎虎人，他答应和我们一起去，我跟他保证过，这次狩猎之旅一定精彩万分。"

他们赶到码头的时间刚刚好，一行三人监督着搬运工将一个个长条形的箱子搬上船去，箱子里装着理查德爵士的步枪和特制的子弹，制作子弹的材料是教授特地从量子丛林附近的铅矿里弄来的。汤普金斯先生在舱房里整理行李的时候，船身稳定的颤抖告诉他，他们已经起航了。海上的旅程乏善可陈，汤普金斯先生险些忘记了时日，直到他终于看到一座迷人的东方城市出现在海岸线上，这是离神秘的量子丛林最近的人类聚居地。

"现在，"教授说，"要深入内陆，我们必须先买一头大象。我觉得恐怕没有哪位本地人愿意跟我们一起走，所以我们得自己驭象，这个任务只能交给你了，我亲爱的汤普金斯。因为我需要做科学观察，理查德爵士又得拿着枪保护我们的安全。"

他们来到市郊的大象市场，看到那一头头的庞然大物，想到自己必须学习如何驾驭它们，汤普金斯先生的心情有些糟糕。理查德爵士对大象倒是有几分研究，他挑了一头漂亮的大象，问主人想卖多少钱。

"哈汉威嚯啵姆。哈格里嚯，哈喇汗喔嚯嚯嚯伊。"这位土著说道，他的牙齿闪闪发光。

"他要的价钱可不低，"理查德爵士向大家解释，"但据说这头大象特别适合量子丛林，所以才卖这么贵。我们要买下它吗？"

"当然。"教授回答，"我在船上听人说过，量子丛林里的大象有时候会跑到外面来，被土著捉住。这种大象比其他地方的好得多，而且特别符合我们的需求——要知道，我们要去的地方是它的家。"

汤普金斯先生仔仔细细地把这头大象检查了个遍；这是一头庞大而美丽的动物，但它看起来和动物园里的普通大象似乎没有任何区别。于是他对教授说——"你说这是一头量子大象，但我觉得它看起来很普通，行为也很正常，和那些古怪的桌球毫无相似之处。它为什么就不会向四面八方弥散呢？"

"你的理解力真的很差。"教授说，"因为它的质量太大了呀。我肯定跟你讲过，位置和速度的不确定性都取决于质量；物体的质量越大，它的不确定性就越小。正是出于这个原因，我们在日常生活中才无法观察到量子现象，哪怕是尘埃这么轻的微粒也不行；但对于质量只有尘埃亿万分之一的电子来说，量子定律就变得很重要了。我们再来说现在的情况，量子丛林中的量子常数固然很大，但仍不足以显著影响大象这样的巨型动物。你必须仔细观察量子大象的轮廓，才有可能发现它位置的不确定性。你可能已经注意到了，这头大象皮肤表面的线条并不清晰，而是有点模糊。随着时间的流逝，这种不确定性会非常缓慢地增长，所以当地才有这样的传说：量子丛林里的老年大象看起来都毛茸茸的。不过我觉得，那片区域里体型较小的动物会表现出明显的量子效应。"

"这么说的话，"汤普金斯先生暗自想道，"我们不能骑马去探险，这反倒是件好事儿啰？如果我们骑的是马，那么没准前一秒钟它还在我的屁股底下，下一秒就跑到了对面的山谷里！"

教授和扛着枪的理查德爵士爬进大象背上的篮子，新上任的驭象人汤普金斯先生也就位了——他骑在大象的脖子上，手里紧抓着缰绳。一行三人向着神秘的量子丛林出发了。

城里人告诉他们，去丛林大概要走一个小时，汤普金斯先生一边努力保持平衡，一边决定好好利用这段时间，请教授再给他讲讲量子现象。

"请告诉我，"他向教授请教，"小质量的物体为什么特别容易受影响，你老是挂在嘴边的'量子常数'指的又是什么呢？"

"噢，这个很好理解，"教授回答，"你在量子世界里观察到的物体的所有古怪行为都是因为你正在看它。"

"它们这么害羞吗？"汤普金斯先生笑了。

"用'害羞'来形容不太合适，"教授冷冷地说，"但重点在于，对运动任何形式的观察都必然干扰运动本身。事实上，只要你获得了关于物体运动的任何信息，这就意味着该运动物体必然对你的感官或者你使用的设备产生了某种影响。考虑到作用必然等于反作用，我们只能得出一个结论：你的测量设备也必然对该物体产生了影响，换句话说，它'破坏'了物体的运动，并为该物体的位置和速度引入了一个不确定性。"

"呃，"汤普金斯先生说，"要是我用手指触碰桌球室里的桌球，那我肯定干扰了它的运动。但我只是用眼睛看看，这样也会干扰它吗？"

"当然会。要是周围一片黑暗，你肯定看不到那个球；你能看到桌球，是因为光的反射，那么这束光必然作用于桌球——我们称之为'光压'——从而'破坏'它的运动。"

"要是我采用的仪器特别灵敏，特别精密，那么能不能把这样的影响降低到可以忽略不计的程度？"

"在我们发现作用量子之前，这正是经典物理的传统观点。但到了20世纪初，人们清晰地认识到，对物体的任何作用都存在一个确定的下限，我们称之为量子常数，通常用符号'h'来指代。正常世界里的作用量子非常非常小，如果用我们习惯的单位来描述的话，它的小数点后面有27个零，所以只有那些质量非常非常小的粒子（譬如电子）才会被极小的作用影响。但在我们即将前往的量子丛林里，作用量子的值很大，所以在那个狂野的世界里，根本就不存在什么温柔的动作。如果你想在量子丛林里抚摸一只小猫，那它要么毫无感觉，要么一下子就会被你的'量子爱抚'弄断脖子。"

"听起来很有道理，"汤普金斯先生若有所思地说，"但要是谁也不去看它的话，那些物体就会表现得乖乖的吗？我是说，表现出我们习惯的正常行为？"

"要是谁也不去看它的话，"教授回答，"那谁也不知道它们表现如何，所以从物理学的角度来说，你的问题毫无意义。"

"呃，这样啊，"汤普金斯先生有些语塞，"简直复杂得像哲学一样！"

"你大可以说它是哲学，只要你高兴，"——教授显然遭到了冒犯——"但事实上，这是现代物理学的基本原则——绝不要讨论你不知道的事儿。所有现代物理理论都基于这条原则，尽管哲学家常常忽略这一点。比如说，德国著名哲学家康德花了很多时间思索物质的特性，他想弄明白的不是物质'看起来的样子'，而是'它的本性'。但对现代物理学家来说，只有所谓的'可观察量'（这个词儿主要指的是我们能观察到的特性）才有意义，可观察量的相互关系构成了整个现代物理学的基础。不可观察的事物只适合散漫的冥想——你大可以自由发挥，随意发明创造，却不可能检验它的存在，更不可能设法利用它。我得说……"

就在这时候，震耳欲聋的吼声在他们耳边炸响，三人乘坐的大象惊得跳了起来，汤普金斯先生险些被掀了下去。一大群老虎同时从四面八方扑向他们的大象，理查德爵士抓起步枪拉上枪栓，瞄准了离他最近的那头老虎的眉心。下一刻，汤普金斯先生听到他像所有猎手一样喃喃咒骂着扣下了扳机，子弹正中老虎眉心，但那头猛兽却毫发无损。

"继续开枪！"教授大喊，"尽量分散火力，别管准头！老虎实际上只有一头，但它弥散地分布在我们的大象周围，我们只能寄希望于汉密尔顿。"

教授抓起另一支步枪，密集的枪声夹杂着量子老虎的咆哮，汤普金斯先生觉得这简直是一场没完没了的噩梦。仿佛过了永远那么长的时间，周围突然安静下来。一颗子弹"正中靶心"，他惊讶地看到，占满周围所有空间的无数头老虎突然变成了一头，它的尸体在空中划出一道弧线，无力地坠向远处的棕榈丛后面。

"你刚才说的汉密尔顿是谁？"等到事情结束以后，汤普金斯先生问道，"难道是某位伟大的猎人，你希望他起死回生来拯救我们？"

"噢！"教授回答，"真抱歉。刚才的局势太紧张，我一激动就开始冒科学术语——你听不懂也很正常！汉密尔顿函数是一种描述两个物体量子互动关系的数学表达式。这个名字来自爱尔兰数学家汉密尔顿，他第一次运用了这种数学形式。我只是想说，我们每射出一颗量子子弹，这些子弹与老虎的身体发生互动的概率就会增加一点点。你看，在量子世界里，你不可能真正瞄准什么东西，自然也无法保证命中率。无论你怎么努力瞄准、射出多少子弹，最终击中目标的概率总是有限的，谁也没有百分之百的把握。比如说，刚才我们至少射出了三十颗子弹才终于击中了那头老虎，然后我们看到，子弹作用于老虎的力如此强大，推得它的尸体远远地飞了出去。我们原来那个世界里也会发生类似的事情，但尺度比这小得多。正如我之前说过的，在我们那个正常的世界里，你只有在电子这样微小的粒子身上才能观察到比较明显的量子效应。你可能听说过，每个原子都由一个相对较重的原子核和若干个绕核旋转的电子组成。起初人们认为，电子围绕原子核运动的方式类似行星围绕太阳公转，但进一步的分析表明，对于原子内部结构这么一套尺度极小的系统来说，传统的运动概念实在太粗糙了。对这种尺度的系统而言，基本的量子作用至关重要，我们对运动的认识也由此得到了极大的拓展。从很多方面来说，电子围绕原子核运动的方式都和刚才那头老虎十分相似——它看起来仿佛填满了大象周围的所有空间。"

"那有人会向电子开枪吗？就像刚才我们朝老虎开枪一样？"汤普金斯先生问道。

"噢，当然，有时候原子核本身会释放出能量极高的光量子，或者说光的基本作用单元。你还可以用光束从原子外部轰击电子。接下来发生的事情也和刚才那头老虎一样：许多光量子会穿过电子散布的区域，不对它造成任何影响；直到最后，终于有一个光量子与电子发生互动，将

一大群轮廓模糊的老虎正在攻击他们的大象

它轰到了原子外面。量子系统中不存在所谓'微妙的互动'，两个物体要么互不干涉，要么产生极大的变化。"

"就像量子世界里的猫咪永远得不到爱抚，倒是很可能被折断脖子。"汤普金斯先生总结道。

"看！是瞪羚，好多瞪羚！"理查德爵士举枪大喊。

事实上，的确有一大群瞪羚从竹林里钻了出来。

"这群瞪羚简直训练有素。"汤普金斯先生想道，"它们跑得那么整齐，就像阅兵队列里的士兵。我很好奇，难道这也是某种量子效应？"

瞪羚群正在快速逼近他们的大象，理查德爵士正准备开枪，但教授拦住了他。

"别浪费子弹了，"他说，"你基本不可能击中以衍射图样移动的一头动物。"

"你说什么？'一头'动物？"理查德爵士惊讶地问道，"这群瞪羚至少有好几十头！"

"噢，不是的！这里只有一头小瞪羚，它现在吓得丢了魂，所以才会从竹林里跑出来。现在它呈现出一种'弥散'的状态，就像光一样；弥散的瞪羚穿过一排豁口——也就是竹竿之间的空隙——形成衍射图样，你可能在学校里听说过这个术语。所以，我们现在讨论的是物质的波特性。"

但理查德爵士和汤普金斯先生都搞不懂神秘的"衍射"到底是什么意思，教授也没法再往下讲了。

三位旅行者继续深入这片量子大陆，途中他们又看到了很多有趣的东西，例如完全无法定位（因为它的质量很小）的量子蚊子和滑稽的量子猴子。现在出现在他们眼前的建筑群看起来像是土著的村庄。

"我不知道，"教授说，"这片区域里竟然有人居住。村里传来的声音告诉我，他们可能正在举行庆典。听，这

理查德爵士正准备开枪，但教授拦住了他

铃声简直连绵不绝呢。"

　　一群土著正围着一大堆篝火跳舞，他们的舞步令人眼花缭乱，你很难清晰分辨出一个个单独的人影。人群中不断有棕色的手臂向上举起，大大小小的铃铛次第摇响。三位旅行者又往前走了几步，眼前的所有东西——包括小屋和周围的大树在内——开始弥散，铃声越来越响，吵得汤普金斯先生的耳朵都快聋了。他伸手抓住某样东西，然后把它扔了出去。闹钟击中了床头柜上的水杯，冰冷的水激得他立即清醒过来。他跳起来开始手忙脚乱地穿衣服。他必须在半小时内赶到银行。

9 麦克斯韦妖

在这几个月非凡的冒险历程中，教授引领汤普金斯先生越来越深入地理解了物理学的奥秘，汤普金斯先生也越来越深地爱上了莫德，直到最后，他终于羞怯地向她求了婚。莫德立即答应了他的请求，他们很快就结成了一对儿。作为一位新晋的岳父，教授认为自己有责任向女婿普及物理学知识，向他介绍这门学科的最新进展。

一个星期天的下午，在那间温馨的小公寓里，汤普金斯先生和太太舒舒服服地坐在扶手椅里，太太随手翻着最新一期的《时尚》，汤普金斯先生正在读《时尚先生》里的一篇文章。

"噢，"汤普金斯先生突然开口说道，"原来真有稳赢不输的赌术！"

"西里尔，你觉得真有这样的好事儿吗？"莫德从时尚杂志中抬起头来，有些责备地问道，"父亲总说，世上根本就没有稳赢不输的赌博策略。"

"可是你看，莫德，"汤普金斯先生翻开他刚才读了半个小时的那篇文章，把杂志递给太太，"我不知道其他策略到底有没有用，但这套赌术的基础是最简单纯粹的数学。我完全看不出来它哪儿有问题。你只需要把1，2，3这三个数写在纸上，然后遵循文中介绍的一套简单规则就行。"

　　"那我们试试吧。"莫德开始感兴趣了，"规则是什么样的？"

　　"要想理解这套规则，最好的办法就是看看文章里的例子。根据文中的描述，他们玩的是轮盘赌，你可以押红

"但你这次肯定会赢！"

或者押黑，就和硬币猜正反一样。我先写个

1，2，3

按照规则，我押的赌注必须是头尾两个数字之和。所以第一把，我应该押上 1 加 3 个筹码，呃，就押红色吧。如果我赢了，我就把 1 和 3 这两个数字划掉，下一轮的筹码数量应该是仅存的那个数字，也就是 2 个；要是我输了，我就把自己输掉的筹码数量加在数列后面，按照同样的规则确定下一次的赌注数目。呃，假设第一轮的球停在了黑色区域，荷官收走了我的 4 个筹码，那么现在我的数列就变成了

1，2，3，4

因此第二把的赌注应该是 1 加 4，也就是 5 个筹码。假设第二次我又输了，那么按照文章中介绍的方法，我必须坚持下去，把数字 5 加到数列末尾，第三轮押上 6 个筹码。"

"但你这次肯定会赢！"莫德激动地大喊，"你不可能一直输下去。"

"这可不一定。"汤普金斯先生说道，"小时候我和朋友一起扔硬币玩，不管你信不信，我连续见过十次正面。但现在我们按照文章中的假设，这次就让我赢吧。那我一共将收回 12 个筹码，但和我投入的成本相比，我还输着 3 个筹码呢。按照这套规则，我必须把数字 1 和 5 划掉，那么我的数列变成了

1，2，3，4，5

下一轮的赌注应该是 2 加 4，还是 6 个筹码。"

"文章里说，这次你又输了。"莫德叹了口气，趴在丈夫肩头读着杂志上的文章，"这意味着你应该把数字 6 加到数列后面，下一轮押上 8 个筹码，没错吧？""没错，就是这样。但我又输了一次，现在我的数列变成了

　　　　　1，2，3，4，5，6，8

这次我得押 10 个筹码了。然后我赢了。划掉数字 2 和 8，下一轮的赌注是 3 加 6，也就是 9 个筹码。于是我又输了。"

"真是个糟糕的例子，"莫德嘟着嘴抱怨，"目前为止，你一共输了三次，但只赢了一次。这不公平！"

"没关系，没关系。"汤普金斯先生像魔术师般胸有成竹地安抚妻子，"玩到最后我总会赢回来的。刚才这把我输掉了 9 个筹码，所以我把这个数字加到数列最后，让它变成

　　　　1，2，3，4，5，6，8，9

下一轮应该押 12 个筹码。这一次我赢了，所以我划掉数字 3 和 9，押上 4 加 6 个筹码。我又赢了一次，现在所有数字都被划掉了，循环结束。算一下总账，我一共赢了 6 个筹码，虽然事实上我只赢了 4 次，但却输了 5 次！"

"你真的赢了 6 个筹码？"莫德狐疑地问道。

"我很确定。你看，按照这套规则，每完成一次循环，你必然会赢 6 个筹码。你可以通过简单的算术来证明这个结果，所以我才会说，这套规则基于数学，不可能出错。

要是你不相信，你可以拿张纸自己验算一下。"

"好吧。我就相信你一回。"莫德若有所思地说，"可是，当然，6 个筹码不算多。"

"要是你能保证每次循环都赢 6 个筹码，那也不少了。你可以不断重复这个过程，每次都从 1，2，3，开始，这样一来，你想赢多少钱就能赢多少。是不是棒极了？"

"真是太好了！"莫德赞叹道，"那你可以辞掉银行的工作，我们也能搬到更好的房子里住，今天我还在商店橱窗里看到了一件特别漂亮的貂皮大衣，只卖……"

"我们当然会买下那件大衣，不过首先，我们得赶快动身去蒙特卡罗。肯定有很多人读了这篇文章，要是去得晚了，别人早就把赌场赢得破产了，我们只能干瞪眼！"

"我这就打电话给航空公司，"莫德提议说，"问问下一班飞机什么时候起飞。"

"你们这是急着去哪儿呀？"客厅里响起一个熟悉的声音，莫德的父亲走进房间，惊讶地望着激动的小两口。

"我们要搭第一班飞机去蒙特卡罗，然后带着大把的钞票回来。"汤普金斯先生起身迎接教授。

"喔，我明白了。"教授露出微笑，舒舒服服地坐进了壁炉旁边的一张老式扶手椅里，"你有一套新赌术？"

"但这套规则真的稳赢，父亲！"莫德抗议道，她的手还没有离开电话。

"是啊，"汤普金斯先生一边附和，一边把手里的杂志递给教授，"简直万无一失。"

"是吗？"教授笑道，"让我看看。"他读了一会儿文章，然后继续说道，"这套规则的特点在于，它要求你每次输钱之后都提高赌注，与此同时，每次赢钱之后都降低赌注。这样一来，如果你比较规律地交替输赢，那么你手里的筹码时多时少，但总体而言，每次增加的幅度都大于上一次减少的幅度。在这种情况下，你当然可以在短时间内成为百万富翁。但你肯定明白，现实中根本不存在'输赢有规律'这回事。事实上，规律地交替输赢，这种事情发生的概率和你一直赢下去一样小。所以我们必须考虑连赢或者连输几次的情况。如果你踏进了赌徒们常说的幸运之河，那么按照规则，你每次赢钱之后都必须降低赌注，或者至少不能增加赌注，所以你总共赢的钱不会太多。从另一方面来说，由于每次输钱之后都必须增加赌注，那么连续输钱势必带来更大的损失，这可能让你彻底出局。现在你应该明白了，代表你手中筹码数量的曲线可能平缓地上升几次，然后被陡然的下降打破。游戏刚开始的时候，你可能会画出一条缓慢上升的长曲线，看着自己手里的钱缓慢但坚定地增加，享受片刻愉快的感觉。但是，为了博取更高的收益，你会一直玩下去；总有那么一次，曲线会毫无征兆地出现断崖式的下跌，迫使你押上兜里的最后一分钱，然后输得一干二净。我们可以利用通用的办法来证明，无论是按照这套规则还是其他规则，筹码曲线翻倍的概率和归零的概率完全相等。换句话说，最后你赢钱的概率其实就等于直接把所有钱押在红区或黑区上，然后一把翻倍或者输光。所谓的赌术能做的只是尽量延长这个过程，让你获得更多乐趣。但是，如果你只想找点乐子，那完全不必搞得这么复杂。你看，轮盘上有 36 个数字，你可以同时押 35 个数字，只留一个不押。这样一来，你赢钱的概率高达 35/36，荷官会赔你 36 个筹码，比你的本金多 1 个。但是，大约每转上 36 次，轮盘上的小球就会有一次掉进你没赌的那个格子里，你会一下子输掉 35 个筹码。按照这套策略，只要你玩的时间足够长，那么你的筹码曲线看起来和杂志上介绍的策略一模一样。

"当然，刚才我假设的前提条件是赌场不抽水。但事实上，我见过的所有轮盘都有 0 这个数字，有时候还有两个 0，这增加了玩家输钱的风险。这样一来，无论玩家采用什么策略，他的钱都会慢慢从自己兜里漏到赌场老板兜里。"

"你是想告诉我，"汤普金斯先生沮丧地说，"世上根本没有稳赢的赌术，无论怎么努力，你输钱的风险总是比赢钱的概率高一点点？"

"我正是这个意思，"教授说，"还有，我刚才说的不光适用于这些无伤大雅的概率游戏，也同样可以用来描述各种乍看之下似乎跟概率完全无关的物理现象。举个例子，要是你真的想出了一套能够推翻概率定律的规则，那么它的威力绝不仅仅是赢几个钱而已。比如说，你可以造出不需要汽油的汽车，不需要煤的工厂，还有其他很多了不起的东西。"

"我似乎在哪儿读到过这种假想的机器——永动机，应该是叫这个名字吧。"汤普金斯先生说，"要是我没记错的话，人们认为我们不可能造出不需要燃料的机器，因为能量不可能凭空产生。但是，这种机器和赌博一点关系都没有啊。"

"你说得对极了，我的孩子。"女婿对物理学至少有那么一点了解，教授深感欣慰，"这种永动机被称为'第一类永动机'，它之所以不可能存在，是因为它违反了能量守恒定律。但我脑子里想的那些不要燃料的机器和这种很不一样，它们通常被称为'第二类永动机'，这类机器的设计原则不是无中生有地创造能量，而是从周围的大地、海洋或空气中汲取能量。比如说，你可以想象这样一艘蒸汽轮船，它用来烧锅炉的原料不是燃煤，而是从周围海水中汲取的热量。事实上，如果我们能迫使热量从比较冷的地方流向比较热的地方，而不是相反，那我们就能从冰冷的海水中汲取热量，然后将失去热量的海水冻成的冰块扔回海里。一加仑冷水冻结成冰，这个过程释放的热量足以将另一加仑的冷水加热到接近沸点。如果从海水中抽水的速度能达到每分钟几加仑，那你可以轻松获得足够的热量来推动一台不算小的引擎。从实用的角度来讲，这样的第二类永动机工作起来和凭空产生能量的第一类永动机一样棒。有了这样的引擎，世界上的所有人都能活得像稳赢不输的赌徒一样舒服。不幸的是，第二类永动机也不可能实现，因为它违反了概率定律。"

"我承认，从海水中汲取热量推动蒸汽船的锅炉，这真是个疯狂的想法，"汤普金斯先生说，"但是，我实在不明白这事儿和概率定律有什么关系。当然，你应该不是说，这些永动机的移动部件是由骰子和轮盘构成的。或者……你真是这个意思？"

"当然不是了！"教授大笑起来，"至少我相信，就连最疯狂的永动机发明家也没打过这种主意。重点在于，热过程本身的特性和投骰游戏十分相似，想让热量从冷的地方流向热的地方，这就像盼着钞票从赌场柜台飞进你兜里一样。"

"你是说，赌场柜台是冷的，我的衣兜是热的？"汤普金斯先生彻底糊涂了。

"从某种角度来说，的确如此。"教授回答，"如果你听了我上周的讲座，那你应该知道，热的本质是组成物质的无数粒子（人们称之为原子和分子）的高速无规律运动。这种分子级的运动越激烈，物体摸起来就越热。由于这样的运动是无规律的，所以它遵从概率定理，很容易证明，大量粒子组成的系统最可能的状态就是能量各不相同的所有粒子基本均匀地分布。如果物体某个部位受热，也就是说，该区域的分子运动加快了，那么你可以想象，这些额外的能量很快就将通过大量的随机碰撞均匀地分散到所有粒子身上。但是，由于这些碰撞完全随机，所以也存在这样的可能性：一组特定粒子偶然获得了大部分额外能量，相应地，周围其他粒子获得的能量就少了很多。热量自发聚集于物体某个部位，这相当于热能逆温度梯度流动；从理论上说，我们无法彻底排除这样的可能性，不过，只要算一算你就会发现，这种事情发生的概率非常非常小，足以让我们给它贴上一个'实际上不可能'的标签。"

"噢，现在我明白啦。"汤普金斯先生恍然大悟，"你的意思是说，第二类永动机可能在短时间内起效，但这种事情发生的概率小得就像你的骰子连续掷出 100 个 7 一样。"

"实际概率比这还要小得多。"教授纠正道，"事实上，稳赢不输，这种事情发生的概率低到了你很难找到合适的词语来形容的地步。比如说，我可以计算这间屋子里的所有空气全都自发聚集到桌子下面，让其他地方都变成真空的概率。你一次掷出的骰子数量等于房间里空气分子的数量，所以我必须先弄清这个数字。我记得，大气压下 1 立方厘米的空气包含的分子数量，这个数字差不多有 20 位数，所以整个房间里的空气分子数量应该有 27 位数。桌子下面的空间大约相当于整个房间容积的百分之一，那么任意分子跑到桌子下面——而不是其他任何地方——的概率应该也是百分之一。所以，要计算所有空气分子同时聚集在桌子下面的概率，我必须用百分之一不断地乘以百分之一，连乘的次数等于所有空气分子的数量，最终得到的结果在小数点后面有 54 个零。"

"呼……！"汤普金斯先生吐出一口长气，"我可不会把赌注押在这么小的概率上！但你刚才说的是不是意味着房间里的空气分子必然均匀分布？"

"没错。"教授回答，"你可以认为我们绝不会因为所有空气都跑到桌子下面而窒息，出于同样的原因，你那个高杯里的水也不会突然自己沸腾。但是，如果我们观察的对象是一些尺度特别小的区域，它包含的骰子——分子——数量很少，那么这些分子分布不均匀的可能性就大大提高了。比如说，就在这个房间里，总会有某些地方的空气分子比其他地方更密集一点，从而造成一种暂时性的不均匀，我们称之为密度的统计波动。阳光穿过地球大气的时候，这种不均匀性会导致蓝光发生散射，这赋予了天空我们熟悉的颜色。要是密度的统计波动不存在，天空就会变成一片漆黑，星星哪怕在大白天也清晰可见。液体在接近沸点时会呈现出轻微的乳白色，这同样可以用分子不规律运动产生的密度波动来解释。但是，在比较大的尺度上，这样的波动出现的概率极低，也许你等上几十亿年也未必能看到一次。"

"但这种小概率的事情也完全有可能现在就发生在我们的眼皮子底下，"汤普金斯先生坚持说，"难道不是吗？"

"是的，当然存在这样的可能性，一碗汤里的半数分子突然同时获得了同一个方向的热速度，于是这碗汤自发地泼到了桌布上——我们没有理由认为这样的事情绝对不会发生。"

"这样的事情昨天刚刚发生过一次。"读完杂志的莫德饶有兴味地插话道，"汤洒了出来，但女仆说她根本没碰过那张桌子。"教授轻笑起来。"就这件事而言，"他说，"我觉得惹祸的更可能是女仆，而不是麦克斯韦妖。"

"麦克斯韦妖？"汤普金斯先生惊讶地重复，"我还以为科学家绝不会相信神鬼妖怪之类的事情。"

"呃，我们也没把它当真。"教授说，"麦克斯韦妖的概念出自著名物理学家克拉克·麦克斯韦（Clerk Maxwell）。这只统计学小妖精其实只是一种修辞，麦克斯韦利用这个概念形象地阐述了热现象。麦克斯韦妖是个动作敏捷的小家伙，它能按照你设想的任何方式改变每一个分子的运动方向。如果真的存在一只这样的妖精，热量就能逆温度而流动，热力学的基本定律——熵增定律——也将变得一文不值。"

"熵？"汤普金斯先生重复道，"我听说过这个词儿。我的同事举行过一场派对，喝了几杯以后，他请来的几位化学系学生就开始唱了——

‘升升降降，

降降升升，

谁会在乎

熵干了什么？'

他们唱的是《噢，亲爱的奥古斯汀》的调子。话说回来，熵到底是什么？"

"这个解释起来不难。'熵'只是一个术语，它描述的是任何给定物体或物体组成的系统内分子运动的无序度。分子之间大量的无规律碰撞总是倾向于导致熵增，因为绝对的无序是任何统计集合最可能的状态。但是，要是麦克斯韦妖真的存在，他很快就会让分子运动产生某种秩序，就像牧羊犬驱赶羊群一样，这样一来，熵就会下降。我还可以告诉你，根据路德维希·玻尔兹曼提出的所谓 H 定理……"

教授显然已经忘了，现在他的听众不是大学生，而是对物理学几乎一无所知的门外汉；他滔滔不绝地说着，稀奇古怪的术语一个接一个地往外蹦，什么"广义参数"，什么"准遍历系统"，他觉得自己把热力学基本定律及其与吉布斯统计力学形式的关系都讲得清清楚楚。汤普金斯先生早已习惯了岳父的高谈阔论，所以他从容地呷着威士忌和苏打水，试图表现得心领神会。但对莫德来说，这些统计物理学的精华内容显然过于艰深，她蜷缩在椅子里，努力和睡魔做斗争。为了赶走睡意，她决定去厨房看看晚餐准备得怎么样了。

"夫人有什么需要吗？"她刚走进餐厅，就有一位衣着整洁的高个子管家迎上前来，鞠躬问道。

"没事，你继续干你的活吧。"她一边回答，一边暗自琢磨这人是从哪儿冒出来的。考虑到他们从来没请过管家，也绝对雇不起，这事儿就显得更奇怪了。这位管家长得又高又瘦，皮肤像橄榄一样黝黑，长鹰钩鼻上方的绿眼睛里仿佛跳动着一簇炽热的奇怪火苗。莫德注意到，他额头上方的黑发里似乎藏着两个对称的凸块，这让她不由得打了个冷战。

"要么我是在做梦，"她想道，"要么这就是从大剧院里走出来的墨菲斯托费勒斯[①]本人了。"

"你是我丈夫雇来的吗？"她没话找话地大声问道。

"不完全是。"奇怪的管家一边继续布置餐桌，一边回答，"事实上，我来到这里是为了告诉您那位杰出的父亲，我并不像他认为的那样只存在于传说中。请允许我介绍一下自己。我就是麦克斯韦妖。"

"噢！"莫德松了口气，"那你应该不像别的妖怪那么邪恶吧，而且应该不会伤害任何人。"

"当然不会。"麦克斯韦妖露出灿烂的笑容，"但我很喜欢恶作剧，现在我就打算捉弄一下您的父亲。"

"你打算干什么？"莫德还是有些担心。

"要我来说的话，我只是想让他看看，熵增法则是可

---

① 歌德名著《浮士德》里的魔鬼。

"难道这就是地狱的模样？"

以被打破的。为了让你也相信这一点，我希望你能陪我一起去。我向你保证，绝不会有任何危险。"

听完这番话，莫德立即感觉到麦克斯韦妖紧紧抓住了自己的手腕，周围的一切突然变得古怪起来。餐厅里她熟悉的所有东西都开始飞速变大，她看到的最后一幕景象是一张椅子的椅背占据了她的整个视野。等到一切终于平静下来，她发现自己飘浮在空中，麦克斯韦妖小心地搀扶着她。无数网球大小、轮廓模糊的球体在她周围杂乱无章地飞舞，但麦克斯韦妖带着她灵活地躲开了所有飞舞的小球，她现在的确很安全。莫德一低头就看见了一艘类似渔船的容器，船舱里装满了银光闪烁的鱼儿。但那并不是鱼，而是无数个轮廓模糊的小球，看起来和空中飞舞的球体一模一样。麦克斯韦妖带着她继续向下，乱哄哄翻涌的小球就像一锅沸腾的糙米粥，毫无规律可循。有的球仿佛被什么力量推着一路上升，有的球颓然下沉。偶尔有一颗球高速冲向液面表层，速度快得仿佛足以撕裂空间，转眼又有一颗球扎进翻滚的"稀粥"深处，瞬间消失在无数同类下方。近距离观察这锅沸粥，莫德发现，小球实际上分为两种，其中大部分球体的尺寸都和网球差不多，但也有一些球体积更大，形状更扁，看起来就像美式橄榄球。所有球体都是半透明的，莫德隐约看见，它们的内部结构似乎相当复杂。

"我们这是在哪儿呀？"她倒吸一口凉气，"难道这就是地狱的模样？"

"不是啦，"麦克斯韦妖笑道，"没有那么异想天开。现在我们只是在极近的距离上观察高杯里的酒，正是靠着这杯酒，你丈夫才能强撑着听你父亲解释准遍历系统而不至于酣然入睡。你看到的球体都是分子。小的圆球是水分子，大的椭圆球是酒精分子。仔细观察一下它们的数量比，你就知道你丈夫喝的酒有多烈。"

"很有趣。"莫德努力让自己的口气显得严厉一点，"但水里还有一些看起来像是鲸的东西，它们该不会是原子世界里的鲸吧？"

麦克斯韦妖望向她指的方向。"喔，那不是鲸，"他说，"事实上，那只是一些烧焦的大麦碎片，正是这种物质赋予了威士忌独特的风味和颜色。每块碎片都由上亿个复杂的有机分子组成，所以相对于其他分子来说，它们显得又大又重。你看到这些碎片在酒杯里载浮载沉，这是因为它们正在不断经受热运动水分子和酒精分子的撞击。这些中等尺寸的碎片小得足以被分子运动影响，又大得能被高倍数显微镜观察到，正是通过对这类微粒的研究，科学家才第一次为热动力学理论找到了最直接的证据。通过测量液体

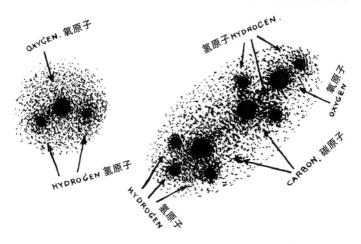

中悬浮的这种小颗粒令人眼花缭乱的舞步——人们常常称之为'布朗运动'——物理学家得到了分子动能的第一手信息。"

麦克斯韦妖再次挽着莫德在空中穿行，最后他们来到了一堵宏伟的高墙前面。这堵墙由无数像砖块一样排得密密麻麻、整整齐齐的水分子组成。

"真是太壮观了！"莫德赞叹道，"这正是我一直想要寻找的背景——我正在画一幅肖像。不过，这座漂亮的建筑到底是干什么的呀？"

"喔，这是冰晶的一部分，你丈夫酒杯里的冰块就是由很多这样的冰晶组成的。"麦克斯韦妖回答，"现在，请容我失陪片刻，我得去捉弄那位满怀自信的老教授了。"

他一边说，一边让莫德待在冰晶边缘，就像一位不太高兴的登山者一样，然后他开始捣乱了。他不知道从哪儿弄来了一个网球拍似的装置，用它来击打周围的分子。他灵活地左右腾挪，任何一个跑错了方向的分子都逃不过他的校正。尽管莫德现在待的位置不太安全，但她还是情不自禁地开始欣赏麦克斯韦妖敏捷的动作和准确的判断，每当他成功拦截了一个速度特别快的分子，她就激动得欢呼起来。麦克斯韦妖的表现如此精彩，相比之下，就连最杰出的网球冠军也显得迟钝而笨拙。短短几分钟内，他的努力就取得了显著的成果。现在，尽管液体表面部分区域的分子速度慢得近乎停滞，但她脚下的液面却比刚才活跃多了。通过蒸发过程从液体表面逃逸的分子数量正在飞速增加，巨大的气泡不断撕裂液面，一团团气体争先恐后地向上升腾，每个气体团里都有上千个分子。紧接着，蒸汽形成的云朵遮蔽了莫德的整个视野，她只能透过狂乱的分子偶尔瞥到球拍挥舞的一角，或者麦克斯韦妖那身燕尾服的尾巴。最后，组成冰晶的分子也开始变得不安分起来，她被晃得摔了出去，直直坠向下方厚厚的蒸汽云……

等到云层散尽，莫德发现自己好端端地坐在原来那把椅子里，仿佛根本没有起身去过餐厅。

"神圣的熵啊！"她的父亲望着汤普金斯先生手中的酒杯，惊讶地喊叫起来，"它在沸腾！"

杯子里的液体内部充满了疯狂沸腾的气泡，一缕蒸汽云正缓缓飘向天花板。眼前的景象看起来奇怪极了，因为实际上沸腾的只是冰块周围的一小片区域，杯子里剩余的部分还是一样冰冷。

"想想看吧！"教授声音因敬畏而颤抖起来，"刚才我还在给你讲熵定律的统计波动，现在我们就看到了一个实例！机缘巧合之下，运动速度较快的分子偶然聚集到液面上的一小块区域，杯子里的水自己沸腾起来！这可能是地球诞生以来的头一回！"

"哪怕再过几十亿年，恐怕也不会有第四个人有幸看到这非同寻常的一幕！"他紧盯着酒杯，现在杯子里的液体已经渐渐冷却下来。"我们真是太走运了！"他快活地叹

"神圣的熵啊！它在沸腾！"

道。莫德微笑起来，但她什么也没说。她不想和父亲争吵，
但这一次她很有把握，她肯定比他知道得多。

10 电子同志会

　　几天后，汤普金斯先生刚吃完晚饭就想起来，今晚教授要做一场关于原子结构的讲座，他答应过岳父一定到场。但他已经受够了教授没完没了的说教，所以他决定忘记今天的约定，舒舒服服地在家里待一晚。不过，就在他拿起书打算蒙混过关的时候，莫德截断了他的退路。她看了一眼墙上的钟，然后温柔而坚定地提醒他，现在差不多该出门了。所以，半小时后，汤普金斯先生发现自己和一群如饥似渴的年轻学生一起坐在大学礼堂的木头硬板凳上。

　　"女士们，先生们，"教授透过眼镜镜片严肃地望向听众，"上次讲座结束的时候，我答应过要给大家详细介绍原子的内部结构，解释原子的结构特性与它的物理性质和化学性质有何关系。当然，你们肯定知道，现在我们不再认为原子是不可分割的物质基本单元，这个头衔已经传给了电子、质子等更小的粒子。

　　"物质基本粒子代表着我们分割物质材料的最后一步，

早在公元前 4 世纪,古希腊哲学家德谟克利特(Democritus)在思考物质本质特性的时候就想到了这个问题:物质结构是什么样的？物质是否存在一个不可分割的最小单元？由于那个年代的人们习惯靠空想解决所有问题，而且当时他们也不可能通过实验手段研究，所以德谟克利特只能努力在自己的头脑中寻找答案。基于冥冥中的某种哲学思路，他最终得出结论，'不能想象'物质可以无限分割成越来越小的部分，所以我们只能假设，必然存在一个'不可分割的最小粒子'。他将这样的微粒命名为'原子'，你可能知道，这个词在希腊语里的意思是'不可分割之物'。

"我无意抹杀德谟克利特为自然科学的发展做出的巨大贡献，但我们应该记住，除了德谟克利特和他的追随者以外，毫无疑问，还有另一个希腊哲学学派的信徒坚信，物质可以无限分割。这样一来，无论未来的科学研究最终得出什么样的结论，古希腊哲学在物理学的历史上必然占据一个值得尊敬的地位。在德谟克利特的时代，以及接下来的几个世纪里，这种不可分割的最小单元一直是个纯粹的哲学假设，直到 19 世纪，科学家才觉得自己终于找到了两千多年前的古希腊哲学家预言过的不可分割的物质基本粒子。

"事实上，1808 年，英国化学家约翰·道尔顿提出，各种化学元素在形成化合物时的相对比例……"

讲座刚刚开场，汤普金斯先生就恨不得马上闭上双眼，

睡完这一整堂课，只是礼堂的长凳实在太硬，这才让他勉强保持清醒。但道尔顿关于"相对比例"的设想就像最后一根稻草，汤普金斯先生所在的角落很快传出了轻微的鼾声，在安静的讲堂里听起来分外刺耳。

虽然汤普金斯先生已经酣然入睡，但硬板凳硌人的感觉仍固执地挥之不去，这多少破坏了睡梦带来的飘飘欲仙感，所以当他睁开眼睛的时候，他惊讶地发现自己正在空中高速飞行。他环顾四周，看到了这趟奇妙旅途的同伴。不远处有好几个雾蒙蒙的模糊影子正绕着一个看起来很重的庞然大物转圈。这些奇怪的影子总是成对出现，每对影子都在圆形或椭圆轨道上快活地互相追逐。汤普金斯先生突然觉得很孤独，因为他蓦然意识到，只有他一个人没有玩伴。

"我为什么没带莫德一起来呢？"他闷闷不乐地想道，"我们可以和这群无忧无虑的影子一起度过一段愉快的时光。"他所在的轨道远离所有影子，虽然他很想跟他们一起玩，但身为局外人的不适感却令他望而却步。不过，当他看到某个电子（现在汤普金斯先生已经意识到，他神奇地变成了原子内部的一个电子）沿着长椭圆轨道运动到他附近的时候，他还是想抱怨几句。

"我为什么就没有玩伴呢？"他朝对方大喊。

"因为这是一个奇原子，而你是一个价电子……"对方一边转身奔回舞动的同伴身旁，一边扯着嗓子回答。

"价电子要么孤独终老，要么去其他原子内部寻找伴侣。"另一个电子从他身边飞速掠过，尖声叫嚷。

"如果你想要个伴儿，

那就去找氯原子。"

第三个电子抑扬顿挫地念道。

"看来你不太熟悉这个地方，我的孩子，而且非常孤独。"头顶传来一个友善的声音，汤普金斯先生抬眼望去，看到了一位身穿棕色束腰外套的矮胖僧侣。

"我是鲍里尼神父，"僧侣一边陪着汤普金斯先生在轨道上运动，一边继续说道，"我的使命是看顾原子内部及

其他地方电子的品性和社交生活。我们伟大的建筑师尼尔斯·玻尔建立了美丽的原子结构，我的职责就是确保这些生性活泼的电子正确地分布在不同的量子层中。为了维护秩序，维持原子特性，我绝不允许两个以上的电子出现在同一条轨道上；你肯定知道，三角关系总会带来很多麻烦。所以，旋转方向相反的电子总是成对出现，如果某个电子层已经被一对电子占据，我绝不允许闯入者冒冒失失地破坏他们的生活。这是一条很棒的规则，或许我可以补充一下，到目前为止，还没有任何一个电子能打破我的戒律。"

"这条规则也许真的很棒，"汤普金斯先生抗议道，"但对现在的我来说太不方便。"

"我看到了，"僧侣笑道，"但这只是因为你不幸地成为奇原子里的价电子。你所在的这个钠原子一共拥有 11 个电子，这是由它的原子核（也就是中间那个黑色的大家伙）决定的。

"呃，对你来说不幸的是，11 是个奇数。考虑到所有数字中奇数占据了一半的位置，偶数也只有一半，我们也很难说这种情况有多特殊。总而言之，因为你来晚了，所以你只能自己待着，这样的局面至少会维持一段时间。"

"你是说，以后我还有机会融入他们？"汤普金斯先生迫不及待地问道，"比如说，挤掉一个先来的？"

"我不是这个意思，"僧侣摇了摇胖乎乎的手指，"不过，当然，外部干扰随时可能踢掉内层某个转圈的电子，制造出一个空缺。但如果我是你的话，我不会寄希望于这个方面。"

"他们给我出了个主意，让我去氯原子那边，"鲍里尼神父的话令汤普金斯先生深感沮丧，但他还是没有放弃，"你能告诉我该怎么做吗？"

"年轻人啊，年轻人！"僧侣哀声叹道，"你们为什么总是急着找个伴儿？就不能享受片刻孤独，珍惜这反躬自省的天赐良机吗？为什么就连电子都这么向往俗世生活？不过，要是你坚持想找个伴儿的话，我可以帮助你实现这个愿望。顺着我指的方向，你会看见一个氯原子正在靠近我们；就算还隔着一段距离，你也能看见那里有个空缺，你在那边肯定很受欢迎。氯原子内部的空缺位于最外面的电子层，也就是所谓的'M层'。这一层应该有四对八个电子，但是现在，如你所见，朝这个方向旋转的电子有四个，但反向旋转的只有三个，所以他们少了一个同伴。里面的 K 层和 L 层都已经填满了，氯原子会欢迎你的到来，让你填满它的最外层。等到两个原子靠得足够近，你就跳过去吧，别的价电子也常常这样做。愿你获得安宁，我的孩子！"说完这段话，电子神父矮胖的身影突然凭空消失了。

汤普金斯先生精神大振，他鼓足力气，冒着折断脖子的风险纵身跃向飞掠而过的氯原子。然后他惊讶地发现，他不费吹灰之力就跳了过去，现在他被氯原子内部和他意气相投的 M 层电子包围了。

"欢迎你加入我们！"他的新搭档一边说，一边沿着轨道优雅地反向旋转，"现在谁也不能说我们的群体不完整了。让我们一起享受乐趣吧！"

汤普金斯先生承认，这的确很有趣——非常非常有趣——但一个小小的忧虑总在他脑子里徘徊。"等我回到莫德身边，我该怎么向她解释呢？"他有些愧疚，但这样的情绪没有维持太久，"她当然不会介意，"他最终说服自己，"归根结底，他们不过是电子而已。"

"你刚刚离开的那个原子为什么还不走？"他的伴侣

生气地质问，"难道它还想把你弄回去？"

事实上，失去价电子的钠原子的确紧贴着氯原子，仿佛还盼着汤普金斯先生会改变主意，跳回那条孤独的轨道一样。

"现在你高兴了吧！"汤普金斯先生怒气冲冲地朝那个一直对他冷若冰霜的原子嚷道，"谁让你占着茅坑不拉屎！"

"噢，他们总是这样。"一位更有经验的 M 层电子解释道，"据我所知，真正希望你回去的是钠原子的原子核，而不是核外电子社群。中央的原子核和它的电子'亲卫队'之间总有矛盾：原子核希望获得与自身电荷数匹配的尽可能多的核外电子，核外电子却觉得同伴的数量能填满每个电子层就好。只有少数几种原子，即所谓的稀有气体——德国化学家称之为惰性气体——的原子核领主和电子部属才能达成共识。这类原子（例如氦、氖、氩）满足于现状，它们既不希望赶走已有的电子，也不想获得新的电子。它们的化学性质很不活跃，几乎从不跟其他原子打交道。但除了这些原子以外，其他所有原子内部的电子社群随时都可能改换门庭。以你曾经的家园钠原子为例，原子核携带的电荷决定了它的电子在填满所有壳层以后总会多出来一个。从另一方面来说，在我们这个原子内部，正常的电子数量不足以达成平衡，所以我们欢迎你的到来，虽然你让我们的原子核承担了额外的重负。只要你一直待在这里，我们的原子就不再是电中性的，而是多了一个负电荷。因此，你抛弃的那个钠原子会被电磁力吸引过来。我曾经听我们伟大的司铎鲍里尼神父讲过，这种拥有多余电子或者失去了电子的原子被称为负离子或正离子。他还用'分子'这个词来描述两个或两个以上的原子在电磁力作用下结合形成的群体。按照他的说法，钠原子和氯原子的这种结合体叫作'食盐分子'，谁知道这是什么意思。"

"你竟然不认识食盐？"汤普金斯先生一时忘了对方的身份，"这怎么可能！难道你早餐吃的煎蛋不撒盐吗？"

"'间蛋'是什么？'造餐'又是什么？"电子好奇地问道。汤普金斯先生气急败坏地正要开口，然后他意识到，向这位伴侣解释人类生活的细节——哪怕是最简单的细节——等于对牛弹琴。"所以他们说的我也不太听得懂，价电子，完整电子层，什么乱七八糟的东西。"汤普金斯先生暗忖。最后他决定尽情享受眼前这个奇妙的世界，不再劳神费力试图去理解它。但要摆脱眼前这个爱唠叨的电子并不容易，他显然急于向伴侣传授自己漫长的一生中获得的所有知识。

"你不能认为，"电子继续讲道，"原子结合形成分子的过程永远只需要一个价电子。事实上，有的原子需要两个额外电子才能填满自己的最外层，譬如氧原子；还有一些原子需要三个额外电子，甚至更多。从另一个方面来说，某些原子的原子核维持着两个或者两个以上的多余电子，也就是价电子。一旦这两种原子相遇，电子跳来跳去，原子互相结合，经过一整套烦琐的过程，最后它们会形成相当复杂的分子，每个分子常常由几千个原子组成。还有一种所谓的'单极'分子，它由两个一模一样的原子组成，但这种情况很不舒服。"

"为什么不舒服？"汤普金斯先生又有了一点兴趣。

"要让它们始终结合在一起，"电子回答，"实在太难。不久前我正好干过一趟这样的活儿，当时我简直没有一刻的时间属于自己。为什么？我们现在的情况是，一个原子失去价电子，另一个原子得到价电子，二者结合形成分子，但单极分子完全不是这样。是的，先生！要让两个一模一样的原子紧紧结合在一起，价电子必须在两个原子之间来回跳跃。老天爷啊！我觉得自己就像一个乒乓球。"

听到电子这么形容，汤普金斯先生深感惊讶——这家伙连煎蛋都没听说过，却能不假思索地拿乒乓球打比方——但他没有深究。

"这种活儿我再也不想干了！"不愉快的记忆已经压垮了这个懒惰的电子，他赌咒发誓地说，"待在这儿我就觉得很舒服了。"

"等一下！"他突然叫道，"我似乎看到了一个更舒服的地方。再见了！"他纵身一跃，奔向氯原子深处。

望着伴侣消失的方向，汤普金斯先生似乎明白了什么。看起来是这样的：某个外来的高速电子意外闯进了他们的原子内部，将某个内层电子轰了出去，于是'K'电子层出现了一个舒适的空缺。汤普金斯先生暗自责怪自己错过了融入内层的绝佳机会，现在他密切关注着刚才那个电子的下落。快活的电子以极高的速度不断深入原子内部，他一路高歌猛进，身后留下一道道明亮的光芒。直到他终于抵达目标轨道，晃得汤普金斯先生差点儿睁不开眼的辐射才终于消失了。

"这是怎么回事？"这出乎意料的一幕刺得他的眼睛生疼，"为什么这么亮？"

"噢，那只是电子跃迁释放的 X 射线。"看到他这么狼狈，和他同轨道的电子忍俊不禁地解释道，"只要有电子成功进入原子深处，他携带的多余的能量必然以辐射的形式向外释放。这个幸运的家伙跃迁得很远，所以他才会释放这么多能量。不过我们现在的位置属于原子内部的郊区，所以电子通常只能跃迁一段很短的距离，在这种情况下，我们释放的辐射被称为'可见光'——至少鲍里尼神父是这么说的。"

"但刚才的 X 射线——不管它到底是什么——也是能看见的呀，"汤普金斯先生抗议道，"我得说，你的术语太容易引起误会了。"

"呃，我们是电子，什么样的辐射都很容易影响我们。但鲍里尼神父说，有一种名叫'人类'的巨型生物，他们只能看到很窄的能量——或者说波长——范围内的光。他还给我们讲过，X射线是由一位伟人发现的，我记得那个人名叫伦琴，现在这种辐射广泛应用于一种名叫'医学'的领域。"

"噢，是的，这事儿我了解得不少。"终于轮到他来显摆知识，汤普金斯先生感到骄傲极了，"想听我进一步讲讲吗？"

"不用了，谢谢。"电子打了个呵欠，"我并不关心。你就不能少说几句话，好好玩一会儿吗？快来追我！"

很长一段时间里，汤普金斯先生非常享受和其他电子一起自由翱翔的感觉。他们在空间中划出一道道优美的弧线，紧接着，他突然觉得自己的头发全都竖了起来，这种感觉并不陌生，某次在山间遭遇雷暴的时候，他就经历过同样的事情。显然，一道强烈的电扰动正在逼近他们的原子，打破和谐的电子运动，迫使电子严重偏离原有轨道。从人类物理学家的角度来看，这只是一道紫外线恰好经过了某个原子所在的区域，但对这个原子内部的小小电子来说，这无异于一场强烈的电风暴。

"坚持住！"他的一位同伴喊道，"不然你会被光电效应甩出去！"但他的警告为时已晚，一股巨力像两只灵活的手指一样准确地拽着汤普金斯先生，拉着他远离这群同伴，身不由己地向外飞去。高速的飞行惊得他屏住了呼吸，一路上他掠过了无数形形色色的原子，他飞得实在太快，根本看不清原子内部的独立电子。一个巨大的原子突然出现在前方，他知道自己肯定会一头撞上去。

"对不起，可我现在身不由己，光电效应……"汤普金斯先生礼貌地开口致歉，但话还没说完，伴随着刺耳的巨响，他已经撞上了一个外层电子。他们滚作一团，跌跌撞撞地飞向空中。但这次碰撞让汤普金斯先生的速度变慢了很多，现在他有机会仔细观察周围的景象了。这些如山般耸立的原子比他原来见过的大得多，他数了数，每个原子拥有的电子数量多达 29 个。如果汤普金斯先生对物理学的了解再多一点，他肯定会意识到，这是铜原子，但在这么近的距离上观察，它们看起来一点儿也不像铜。这些原子紧贴彼此，构成的规则图案一直绵延到他的视野尽头。但最让汤普金斯先生感到惊讶的是，这些原子似乎不太注意维持自身应有的电子，尤其是外层电子。事实上，这些铜原子最外层的轨道基本都空着，一大群无拘无束的电子懒洋洋地飘在空中，它们偶尔会在某个原子边缘停留片刻，但绝不会逗留太久。刚才的高速飞行已经让汤普金斯先生筋疲力尽，他脑子里的第一个念头是在铜原子内部找个稳定的轨道休息一会儿。但流浪电子群自由自在的感觉很快征服了他，他决定加入他们的行列，和他们一起漫无目的地漂浮。

"看来这地方的规矩不严，"他暗自想道，"所以才有这么多无所事事的电子。我觉得鲍里尼神父应该给他们做点儿思想工作。"

"我为什么要费这个劲？"僧侣熟悉的声音突然凭空冒了出来，"这些电子并没有违反我的戒律，而且他们现在做的事情其实很有用。或许你有兴趣知道，如果所有原子都像某些原子那样把自己的电子看得紧紧的，世上就不存在导电这回事了。如果真是这样的话，你家的电铃只能报废，更别说电灯和电话了。"

　　"噢，你是说，这些电子能携带电流？"谈话似乎正朝着他多少还算熟悉的方向转去，汤普金斯先生抓紧机会问道，"但我没发现他们运动的方向有什么特别的规律啊。"

　　"首先，我的朋友，"僧侣严肃地回答，"别说'他们'，你应该说'我们'。你似乎忘了，你也是一个电子，如果某人按下与这段铜线相连的按钮，电压会迫使你和其他导电电子一起冲过去呼唤女仆，或者完成其他任务。"

　　"可我不想干活！"汤普金斯先生不高兴地一口回绝，"事实上，我已经当够了电子，现在我觉得这事儿没劲透了。为了完成任务没完没了地奔波，多么糟糕的生活！"

　　"也不一定没完没了，"鲍里尼神父显然不愿意听别人贬低普通电子，"你可以在湮灭中消亡，这种机会总是有的。"

　　"湮——湮灭？"汤普金斯先生觉得背上一阵恶寒，"可我一直以为电子永恒不灭！"

　　"物理学家也曾这样以为，但不久前他们发现，"鲍里尼神父似乎很满意自己的言辞产生的效果，"这种观念并不完全正确。事实上，电子可以诞生，也可以死亡，就像人类一样。当然，电子不会老死，它们只能通过碰撞湮灭。"

"呃，不久前我刚经历了一次碰撞，而且撞得挺厉害的。"汤普金斯先生稍微恢复了一点自信，"既然撞成这样我都还活得好好的，我实在想不出什么样的碰撞才能让电子湮灭。"

"湮灭和碰撞的力度无关。"鲍里尼神父纠正了他的想法，"关键在于你撞的是谁。刚才你撞上的大概是另一个和你十分相似的负电子，这样的碰撞没有任何危险。事实上，你们可以像一对公羊一样互相撞上好几年，但双方都毫发无伤。但世上还有另一种携带正电荷的电子，直到最近，物理学家才发现了它们。这些正电子看起来和你很像，唯一的区别在于，他们携带的是正电荷而非负电荷。如果某个正电荷向你逼近，但你把他误认成了同类，于是你迎上前去欢迎他；那么接下来你会突然发现，他不像普通电子那样轻轻把你往外推以避免碰撞，而是一把将你拉了过去。到那个时候，你做什么都晚了。"

"太可怕了！"汤普金斯先生喊道，"那么一个正电子会吃掉几个可怜的普通电子？"

"幸运的是，只有一个。因为在摧毁负电子的过程中，正电子自身也会毁灭。你可以说他们是自杀俱乐部的成员，正在寻找互相湮灭的搭档。正电子不会伤害同类，但只要遇上负电子，同归于尽就是唯一的结局。"

"幸好我没遇上这种怪物，"汤普金斯先生心有余悸，"但愿他们的数量不要太多。应该不多吧？"

"是的，不多。原因很简单：正电子总爱自找麻烦，所以他们诞生后不久就会消失。如果你愿意等上一分钟，没准我能找到一个正电子，让你看看他的模样。"

"有了！"短暂的沉默之后，鲍里尼神父继续说道，"如果你仔细观察那边那个重原子核，你会发现，它的边上有一个正在诞生的正电子。"

僧侣指着的那个原子显然正在经受外部强辐射带来的剧烈电磁干扰。这一波干扰的强度比汤普金斯先生刚才经历的大得多，原子核周围的电子被吹得四下飞散，仿佛飓风中的枯叶一般。

"仔细观察原子核附近。"鲍里尼神父叮嘱。汤普金斯先生凝神细看，终于在受损的原子深处发现了非同寻常的一幕。在最内层电子内侧，离原子核很近的地方，两个模糊的影子正在慢慢成形。一秒钟后，汤普金斯先生看到两个崭新的电子从诞生的位置高速向外掠去。

"但我看到了两个电子！"汤普金斯先生惊叹不已。

"没错。"鲍里尼神父肯定了他的说法，"电子总是成对诞生的，否则就违反了电荷守恒定律。强伽马射线轰击原子核，创造出两个电子，其中一个是普通的负电子，另一个是堪称杀手的正电子。现在，他正在寻觅受害者。"

"呃，每个正电子注定要摧毁一个负电子，但既然每

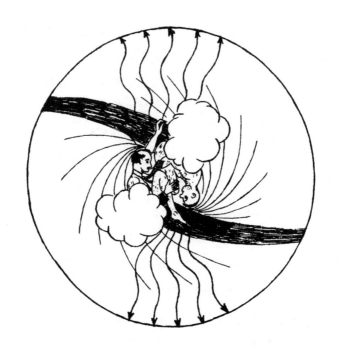

个正电子的诞生都必然伴随着一个普通电子，那么事情似乎也不是那么糟糕，"汤普金斯先生若有所思地评论道，"至少电子社群不会因此灭绝，而我……"

"小心！"僧侣打断了他的话，猛地将他推向一边；刚刚诞生的正电子从他身边一英寸外呼啸而过，"附近有杀手粒子的时候，你怎么小心都不为过。但我觉得我花了太多时间跟你说话，我还有好多事儿没干呢。我得去找找可爱的'中微子'……"

还没向汤普金斯先生解释中微子到底是什么、有没有危险，僧侣就突然消失了。骤然遭到抛弃的汤普金斯先生觉得自己比刚才还要孤独，他在空中飞行，每当某个电子同类靠近他的时候，他甚至暗中绝望地希冀，对方无辜的外表下也许藏着杀手的灵魂。过了很久以后，他觉得可能有几个世纪那么久，他的恐惧和希望仍未平息，他也不愿再承担导电电子枯燥的任务。

然后，事情突然发生了，而且时机完全出乎他的意料。他很想找个人说说话，哪怕对方是愚蠢的导电电子也好，于是他靠向一个速度很慢的粒子，对方显然刚刚进入这段铜线。但是，哪怕还隔着一段距离，他已经发现自己做了个错误的决策，一股无法抵抗的引力拉着他身不由己地向前飞去。有那么一秒钟，他试图挣扎逃离，但双方之间的距离正在迅速缩短，汤普金斯先生仿佛已经看到了这位猎捕者脸上友善的笑容。

"放开我！放开我！"汤普金斯先生高声喊道，四肢胡乱挥舞，"我不想被湮灭！我愿意永远乖乖导电！"但结局已经注定，下一个瞬间，强辐射带来的炫目光芒将他周围照得雪亮。

"呃，我已经不存在了，"汤普金斯先生想道，"但我怎么还能思考？难道湮灭的只是我的身体，而我的灵魂已经进入了量子天堂？"然后他感觉到另一股力量——这次比刚才温柔得多——正坚定地摇晃着他的身体，他睁开眼，认出了眼前的大学看门人。

"对不起，先生，"看门人说，"但讲座已经结束好一会儿了，现在大礼堂要关门了。"汤普金斯先生忍住涌到嘴边的呵欠，怯懦地转头四顾。

"晚安，先生。"看门人露出同情的微笑。

10-1/2 汤普金斯先生在梦中错过的部分讲座

　　事实上，1808 年，英国化学家约翰·道尔顿提出，各种化学元素在形成化合物时的相对比例总能表达为整数之比，按照他的解释，这是因为所有化合物都由不同数量的化学元素基本单元组成。中世纪的炼金术一直没能成功地将一种化学元素转化为另一种，这为基本粒子不可分割的特性提供了证据，没过多久，它们就被赐予了古希腊人发明的头衔："原子"。这个名字一旦确定就根深蒂固地保留了下来，尽管现在我们已经知道，"道尔顿的原子"并非不可分割之物，事实上，原子由许多更小的粒子组成，但我们还是容忍了它这个不符合哲学概念的错误名字。所以，现代物理学中的"原子"并不是德谟克利特想象的不可分割的物质基本单元，这个名字其实更适合电子和质子之类更小的粒子，"道尔顿的原子"正是由这些粒子组成的。但贸然改名必然引发混乱，反正物理学界也没人在乎原子的名字是不是符合哲学概念！因此，我们保留了道尔顿的"原子"之名，电子和质子之类的粒子则被称为"基本粒子"。

当然，单凭名字你就知道，目前我们相信，这些更小的粒子就是德谟克利特设想的真正不可分割的基本单元；也许你会问，历史会不会重复？随着科学的发展，未来我们可能发现，现代物理学所认为的这些基本粒子其实拥有复杂的内部结构。我的回答是这样的：尽管谁也无法保证这样的事情一定不会发生，但我们有充分的理由相信，这次我们真的没弄错。事实上，原子有92种（对应92种化学元素），每种原子各自拥有相当复杂的独特性质；所以我们很自然地认为，这种情况应该可以进行某种程度的简化。但从另一方面来说，现代物理学确认的基本粒子只有几种：电子（带正电荷和负电荷的轻粒子）、核子（带电或电中性的重粒子，又叫质子和中子），可能还有所谓的中微子，但它的特性我们还没完全弄清。

这些基本粒子的特性非常简单，我们很难再做进一步的简化；此外，你应该能理解，要想构建某种复杂的东西，你总是需要先确定几个基本概念，两三个基本概念并不算多。因此，我个人认为，现代物理学中的基本粒子就是真正的不可分割之物，你大可为这个信念放心地赌上最后一块钱。

现在我们可以讨论下一个问题：这些基本粒子如何构成道尔顿的原子。1911年，杰出的英国物理学家欧内斯特·卢瑟福（Ernest Rutherford，后被封为尼尔森的卢瑟福男爵）首次提出了答案。他利用放射性元素分裂产生的高速粒子——即 α 粒子——轰击各种原子，借助这种方法来研究原子结构。通过观察入射粒子在穿过一小片物质后的散射情况，卢瑟福得出结论，所有原子必然拥有一个非常致密的带正电的核心（原子核），这个核心周围环绕着相当稀薄的带负电的云团（原子大气）。今天我们知道，原子核由一定数量的质子和中子组成，这两种粒子被统称为"核子"，强核力将质子和中子紧紧凝聚在一起；而原子大气由数量不等的负电子组成，在带正电的原子核的静电引力作用下，这些电子成群结队地绕核运动。组成原子大气的电子数量决定了特定原子所有的物理性质和化学性质，不同的化学元素拥有的电子数量各不相同，从 1 个（氢原子）到 92 个（最重的已知元素：铀）不等。

尽管卢瑟福的原子模型看起来相当简洁，但细究之下，这套理论并不简单。事实上，根据经典物理学最不可动摇的定律，绕核旋转的负电子必然通过辐射（释放光）渐渐失去动能，计算结果表明，这个稳定的能量损失过程会让组成原子大气的所有电子在极短的时间内坠向原子核。这个由经典理论推出的结论看似不可动摇，但却和我们观察到的现象完全相悖：事实上，原子大气相当稳定，电子非但不会坠向原子核，恰恰相反，它们一直绕着原子核旋转，这样的局面似乎可以永远维持下去。因此我们看到，经典力学的基本理念与原子世界中这些微粒的实际行为之间存在根本的冲突。这个事实让丹麦著名物理学家尼尔斯·玻尔意识到，尽管几个世纪以来，经典力学在自然科学系统中的地位一直相当稳固，而且它的确能够很好地描述我们生活于其中的这个宏观世界，但这套理论却完全不适用于原子内部更精妙的运动。为了构建一套能够描述原子级微观部件运动特性的更通用的力学理论，玻尔提出，尽管经典理论认为电子的运动轨道无穷无尽，但我们不妨假设，自然界中真正有可能出现的其实只有特定的几种。这些运动轨迹——或者说轨道——根据特定的数学条件计算得出，玻尔理论将这些条件命名为"量子条件"。我不打算在这里深入讨论量子条件，你们只需要知道，如果运动粒子的质量远大于亚原子微粒，那么这些条件提供的所有约束都会变得无足轻重。因此，这套新的微观力学应用于宏观物体时得到的结果和原来的经典理论（对应原则）完全相同，只有在讨论原子级微粒的运动时，两套理论之间的区别才具有显著意义。虽然我们不会深入讨论，但你可能想知道玻尔理论框架下的原子结构到底长什么样，所以我可以让你看看玻尔绘制的原子内部的量子轨道示意图。（请放第一张幻灯片！）当然，你看到的是高倍放大后的图像，这套系统里的圆形和椭圆形轨道代表的只是玻尔量子条件所"允许"的组成原子大气的电子运动轨道。尽管经典力学允许电子以任意半径绕核运动，也不会限制电子运动轨道的离心率（例如它的扁度），但玻尔理论挑选出的轨道形成了一个所有特征维度都拥有明确定义的离散集合。每条轨道附近的数字和字母代表着它在通用分类法里的名字；比如说，你可能注意到了，直径越大的轨道编号数字也越大。

虽然玻尔的原子结构理论成功解释了原子和分子的各种性质，但离散量子轨道的基本概念仍然有些含糊，对于经典理论的这一特殊限制，我们分析得越深入，反而越难把握全局。

后来科学家终于发现，玻尔理论的缺陷在于，它并未从根本上改变经典力学理论，而只是添加了一些新颖的条件，从而将电子系统的运动轨迹限制在了一定的范围内。直到 13 年后，所谓的"波动力学"才为这个问题给出了正

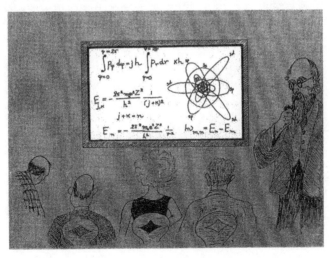

因此我们看到了玻尔－索末菲最初提出的氢原子内部的电子量子轨道模型

确的答案，这套理论以新的量子原理为基础，对整个经典力学的根基做出了彻底的修正。乍看之下，波动力学似乎比玻尔的理论还要疯狂，但实际上，这套新的微观力学代表着当代理论物理学界最具一致性、最广为接受的理念。

我在之前的讲座中介绍过新力学理论的基本原理，尤其是"不确定性"和"弥散轨道"的概念，有兴趣的话，你不妨重温一下这段记忆（或者笔记），现在，我们还是继续讨论原子结构的问题。你可以在这幅图（请放第二张幻灯片！）中直观地看到波动力学理论框架下核外电子运动的"弥散轨道"。这幅图所代表的运动其实和上一幅示意图中经典力学框架下的运动完全一样（只是出于技术原因，

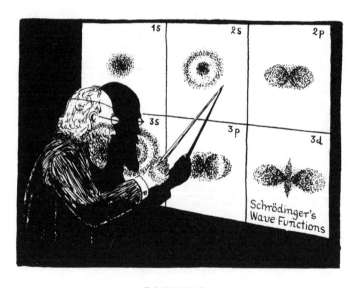

薛定谔的波函数

156

现在我们将这两种运动分别画了出来），但玻尔理论中的清晰轨道已经不复存在，现在我们只能看到弥散的轨道图样，这是由不确定性原理决定的。在这幅新的示意图里，不同运动状态的标记方法和上一幅图一样，比较一下前后两张图片，只要稍微发挥一点想象力，你就会发现，第二幅图中模糊的"云团"轮廓其实和玻尔的轨道十分相似。

从这些图表能清晰地看出，当量子参与其中时，经典理论中的轨道会发生怎样的变化。外行人肯定会觉得这是奇妙的梦境，但是研究原子尺度微观宇宙的科学家们，可以毫不费力地接受这个图景。

刚才我们对原子内部电子可能的运动状态做了一番简单的调查，现在，我们需要思考一个重要的问题：这些运动状态各不相同的电子在原子内部如何分布？这里我们又遇上了一条宏观世界十分陌生的新原理。这条原理是由我年轻的朋友沃尔夫冈·泡利（Wolfgang Pauli）首次提出的，泡利认为，在特定的原子内部，两个电子绝不会同时占据同样的运动态。这个条件在经典力学框架下根本无足轻重，但由于量子定律极大地限制了电子可能的运动态，所以在原子世界里，泡利不相容原理变得非常重要：它确保了电子大致均匀地分布在原子核周围的空间中，而不是挤成一团。

虽然我刚才简单介绍了泡利的新原理，但你可能会说，根据前面那幅示意图，你根本看不出每种弥散的运动量子态只能被一个电子"占据"。事实上，除了绕原子核"公转"

以外，电子还会绕轴自旋，所以就算一条轨道上出现了两个电子，但只要这对电子自旋的方向相反，泡利博士就完全不必烦恼。通过研究我们发现，所有电子绕轴自旋的速度始终相同，而且自旋轴的方向必然垂直于轨道平面。这样一来，电子自旋的可能状态就只剩下两种，我们分别称之为"顺时针"和"逆时针"。

因此，描述原子内部量子态的时候，泡利不相容原理可以重新表述为：每个量子运动态只能被两个或两个以下的电子"占据"，而且这两个电子的自旋方向必然相反。这样一来，如果按照元素周期表的自然序列一路向前，随着单个原子拥有的电子数量不断增加，你会发现原子内部不同的运动量子态逐渐被电子一个个填满，原子的直径也随之稳定增长。在这里我必须提到的是，根据它们的结合强度，不同量子态的电子大致可以分为几组（或者说几层），每组电子都紧紧结合在一起。随着原子序数不断增加，每个电子层相继被填满，原子的性质也会随之产生周期性变化，这很好地解释了俄罗斯化学家德米特里·门捷列夫（Dimitrij Mendelleeff）在实践中发现的著名的元素周期律。

12 原子核内

汤普金斯先生听的下一场讲座介绍的是原子核的内部结构，原子内部所有电子都围绕原子核旋转。

女士们，先生们：

随着我们不断深入物质结构内部，今天我们要探查的是原子核内部的景象，这片神秘的区域在整个原子中只占据了万亿分之一的体积。尽管这个新领域的尺度如此之小，但我们发现，这里的活动相当活跃。事实上，原子核是整个原子的心脏，虽然它的体积很小，但却占据了整个原子99.97%的重量。

从荒芜的电子云进入原子的核心区域，你会惊讶地发现，周围立即变得拥挤起来。平均而言，核外电子之间的距离大约相当于自身直径的几十万倍；与之相对，原子核内部的微粒堪称接踵摩肩——如果它们有踵和肩的话。从这个角度来说，原子核内部的景象和普通液体十分相似，只是构成原子核的质子和中子比液体分子要小得多，也基本得多。值得一提的是，尽管质子和中子拥有不同的名字，但目前我们认为，它们实际上代表着一种名为"核子"的基本重粒子不同的带电状态。质子是带正电的核子，而中子是电中性的核子，宇宙中也可能存在带负电的核子，只是目前我们还没有发现它们的踪迹。核子的几何尺寸跟电子差不多，它们的直径大约都是 0.0000000000001 厘米。但核子比电子重得多，一个质子或中子的重量相当于 1840 个电子。正如我之前讲过的，构成原子核的微粒在强核力的作用下紧紧挤在一起，就像液体里的分子一样。同样和液体十分相似的是，虽然强核力阻止了这些粒子彻底分开，但并未限制它们在短距离内的相对位移。因此，即使没有外力影响，原子核内的物质也具有一定的流动性，它们会自发凝聚成球形，就像普通的液滴一样。在我绘制的这张原理示意图里，你可以看到质子和中子构成的各种类型的原子核。其中最简单的是氢原子核，它仅由一个质子组成，而最复杂的铀原子核拥有 92 个质子和 142 个中子。当然，这些示意图对真实情况进行了高度抽象，实际上，由于量子力学最基本的不确定性原理，每个核子的位置都"弥散"在整个原子核的范围中。

我刚才说过，构成原子核的粒子被强核力紧紧束缚在一起，但除了这种引力以外，它们还会受到另一种反向的作用影响。事实上，在构成原子核的所有微粒中，质子差不多占据了一半的数量，每个质子携带一个正电荷，在静电力的作用下，它们必然互相排斥。比较轻的原子核携带的电荷相对较少，所以静电力的作用不太明显；但对于质量更大、携带电荷更多的原子来说，静电力将产生足以抗衡强核力的效果。在这种情况下，原子核将变得不再稳定，它很容易分裂成几块。所以在元素周期表的末尾，我们看到了"放射性元素"。

根据刚才的讨论，你或许会得出结论，这些不稳定的重原子核会释放出质子，因为中子不带电，所以也不受静

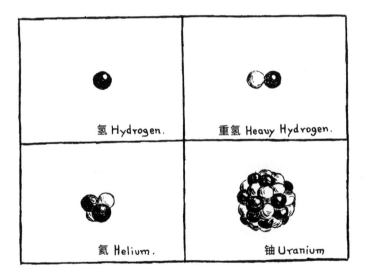

电斥力影响。

但实验结果告诉我们，事实上，这些原子核释放的是所谓的 α 粒子（氦核），这种复合粒子由 2 个质子和 2 个中

子构成。之所以会出现这样的结果，是因为 α 粒子比较特殊，它的结构特别稳定，所以重原子核衰变时很容易向外释放整个的 α 粒子，而不是单个的质子和中子。

你可能知道，第一个发现放射性衰变现象的是法国物理学家亨利·贝可勒尔（Henri Becquerel），英国物理学家卢瑟福男爵将这种现象解释为原子核的自发分裂——后者的名字我在介绍其他课题的时候曾经提到过，他为核物理学的发展做出了极大的贡献。

α 衰变最古怪的特征在于，α 粒子"逃离"原子核这个过程需要的时间可能十分漫长。对铀和钍来说，这个时间长达几十亿年，不过镭只需要大约 16 个世纪；虽然某些元素衰变所需的时间还不到一秒，但相对于核内粒子运动的速度来说，这个时间跨度依然相当漫长。

是什么力量将 α 粒子困在原子核里，有时候竟长达几十亿年？既然它已经在原子核里待了这么久，又是为什么不能一直维持原状？要回答这些问题，首先我们必须进一步了解原子核内部引力与斥力的强弱对比。卢瑟福通过实验对这些力进行了详细的研究，他采用的是所谓的"轰击原子"的办法。这个著名的实验是在卡文迪许实验室完成的，卢瑟福用放射性物质产生的高速 α 粒子轰击靶标物质的原子核，然后观察 α 粒子的散射情况。实验结果表明，在离原子核相当遥远的地方，入射粒子就已经受到了核内电荷强斥力的影响；等到入射粒子逼近原子核边缘以后，占据上风的又变成了强引力。你可以说，原子核就像一座墙高壁厚的要塞，坚固的高墙阻止了外来粒子入侵，同时也预防了核内粒子逃逸。但卢瑟福实验得出的最惊人的结果在于，无论是放射性衰变释放出来的 α 粒子，还是从外部侵入原子核的入射粒子，它们携带的能量实际上都不足以翻越堡垒的高墙，也就是所谓的"势垒"。这个事实违背了经典力学的所有基本理念。的确，如果你抛球的力度实在太小，你又怎么能指望这颗球翻越山巅呢？面对这种情况，经典力学只能瞪大双眼，无辜地表示卢瑟福的实验肯定有问题。

但事实上，卢瑟福没错，如果非要说谁错了，那犯错的也不是卢瑟福，而是经典力学自己。我的好朋友乔治·伽莫夫博士、罗纳德·格尼博士和 E. U. 康登博士同时指出，从现代量子理论的角度来看，这个问题其实毫无难度。事实上，我们知道，今天的量子力学彻底否认了经典物理学意义上的清晰线性轨道，取而代之的是幽灵般弥散的轨迹。要知道，传说中的幽灵总能轻松穿过古堡厚厚的墙壁，所以这些幽灵般的轨迹也能翻越看似高不可攀的势垒。

别以为我在讲笑话：能量不足的粒子有可能穿过势垒，这个结果可以通过新的量子力学方程直接计算出来，它代表着新旧理论对运动的定义最重要的区别之一。但是，尽管新理论允许出现这种奇特的现象，但它也提出了严格的约束条件：一般而言，能量不足的粒子穿透势垒的概率极低，必须有海量粒子对这堵高墙发起冲击，才可能有一两个粒子成功逃离。如何计算这种粒子逃脱的概率？量子理论给出了明确的计算方式，结果表明，我们观察到的 α 粒子的衰变周期完全符合理论计算结果。同样地，如果我们讨论的是从外部侵入原子核的 α 粒子，量子力学方程算出的结果也相当符合实际情况。

继续往下讲之前，我想给你们看看高能入射粒子轰击各种原子核，导致后者发生分裂的照片。（请放幻灯片！）

在这张幻灯片里，你可以看到云室（我在上一次的讲座中介绍过这种装置）中两种不同的分裂过程。左图是一个被高速 α 粒子击中的氮原子，这也是有史以来第一张人工制造元素嬗变的照片，它的拍摄者是卢瑟福男爵的学生，帕特里克·布莱克特（Patrick Blackett）。现在，你可以在图中看到强大的 α 射线源释放的大量 α 粒子的运动轨迹，其中大部分粒子直接穿过了我们的视野，并未发生任何值得一提的碰撞，但有一个 α 粒子成功击中了一个氮原子核，所以它的轨迹戛然而止，你可以看到，两条新的轨迹从碰撞点出发，开始向外延伸。长而细的轨迹来自从氮原子核中被踢出来的质子，短而粗的轨迹则代表原子核破碎后的残骸。因为失去了一个质子，又吸收了一个入射的 α 粒子，所以它不再是氮原子核，而是变成了氧原子核。这样一来，氮变成了氧，顺便还产生了副产品氢，活脱脱的炼金术。第二张照片拍摄的是经过人工加速的质子撞击原子核，导致后者发生分裂。特殊高压电机（大众通常称之为"原子对撞机"）制造的高速质子束通过一条长长的管子进入云室，你可以在照片中看到管子的末端。这个实验的靶标是一片很薄的硼，它放置在长管下端，所以撞击产生的核碎片必然穿过云室中的空气，在云雾中制造出轨迹。

正如你在照片中看到的，被质子击中的硼原子核分裂成了电荷数完全相同的三个部分，于是我们得出结论：这三块碎片其实都是 α 粒子，也就是氦核。以上两种嬗变相当典型，今天的实验物理学家研究的数百种核嬗变基本都能归为这两种类型。入射粒子（质子、中子或 α 粒子）侵入原子核，踢出另一种粒子，自己却融入了原子核的残骸之中，这样的嬗变被称为"替代式核反应"。有的替代式核反应是 α 粒子替代质子，同样地，也有质子替代 α 粒子的反应，或者中子替代质子，诸如此类。这类嬗变制造出来的新元素在周期表中的位置总是和原来的靶标元素靠得很近。

不过，直到最近，确切地说，直到第二次世界大战前夕，两位德国化学家 O. 哈恩（O. Hahn）和 F. 施特拉斯曼（F. Strassmann）才发现了一种全新的核嬗变：一个重原子核分裂成两个完全相同的碎片，同时释放出大量能量。在我的下一张幻灯片（请放幻灯片！）中你可以看到，右边那张照片拍下了两个反向运动的铀核碎片，它们是由一片薄铀箔释放出来的。这种现象被称为"核裂变"，我们观察到的第一种核裂变反应来自被中子束轰击的铀，不过很快

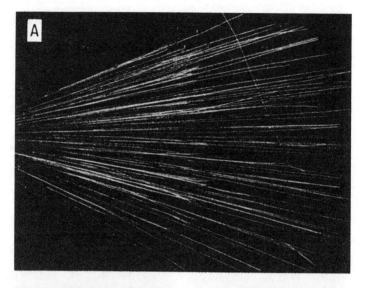

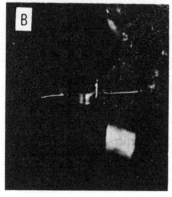

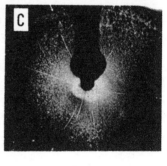

（A）被氢核击中的氮核变成重氧和氢

$$_7N^{14} + _2He^4 \rightarrow _8O^{17} + _1H^1$$

（B）被氢核击中的锂核变成两个氦核

$$_3Li^7 + _1H^1 \rightarrow 2_2He^4$$

（C）被氢核击中的硼核变成三个氦核

$$_5B^{11} + _1H^1 \rightarrow 3_2He^4$$

166

我们就发现，元素周期表末尾的其他元素也拥有类似的特性。这些沉重的原子核似乎本来就处于崩溃边缘，一点小小的冲击——譬如说一个中子的撞击——就足以让它一分为二，就像一大滴水银一样。重原子核的不稳定性为我们解开另一个问题提供了思路：自然界中为什么只有 92 种元素？事实上，任何比铀更重的元素都不可能存在太长时间，它会立即分解成更小的碎片。从实用的角度来说，这种"核裂变"现象也很有价值，因为它让我们触摸到了利用核能的可能性。重点在于，重原子核裂成两半的同时还会释放一些中子，这些中子又可能让附近的其他原子核产生裂变，这个过程可能引发爆炸，原子核内蕴含的海量能量可能在极短的时间内被释放出来。也许你还记得，1 磅铀蕴含的核能相当于 10 吨煤炭，所以你应该可以理解，如果能将这么多能量释放出来，我们的经济将产生翻天覆地的变化。

不过，这些核反应的规模都很小，尽管它们为我们提供了原子内部结构的丰富信息，但海量的核能怎么才能释放出来？直到不久前，对这个问题我们仍束手无策。1939年，德国化学家 O. 哈恩和 F. 施特拉斯曼发现了一种全新的核嬗变：铀的重原子核被一个中子击中后分裂成了两个基本完全相同的碎片，同时释放出海量能量和两三个中子；这几个中子可能又会击中其他铀核，使之一分为二，进而释放出更多能量和中子。这个指数式增长的裂变过程可能最终引发惊人的爆炸；而在受控的情况下，这样的核裂变

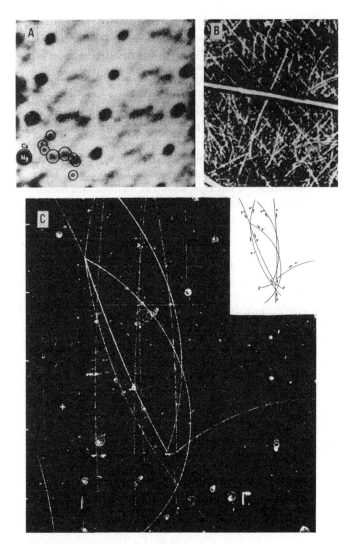

（A）布拉格拍摄的透辉石晶体中的原子。角落里的小圈分别是钙原子、镁原子、硅原子和氧原子。放大倍数约 100000000 倍。

（B）一个中子击中铀靶，产生的两个裂变碎片反向飞出。

（C）中性 λ 粒子及反 λ 超子的产生和衰变。

可以提供几乎取之不尽的能量。对我们来说幸运的是，致力于原子弹研发的泰勒金博士（Dr. Tallerkin，他还有一个"氢弹之父"的头衔）愿意拨冗光临，为我们简单介绍一下核弹。现在他随时可能出现。

教授话音未落，礼堂的门就开了。一位长相相当引人注目的男人走了进来，他的眼睛闪闪发亮，黑色的眉毛格外浓密。他和教授握了握手，然后转身面向听众。

"Hölgyeim és Uraim，"他开口说道，"Röviden kell beszélnem, mert nagyon sok a dolgom. Ma reggel több megbeszélésem volt a Pentagon-ban és a Fehér Ház-ban. Délutan… 噢，对不起！"他突然反应过来，"有时候我会弄不清该说哪种语言。请允许我重来一遍。女士们，先生们！我必须长话短说，因为我很忙。今天上午我一直在五角大楼和白宫开会，下午必须去内华达的法国平原参加地下爆炸试验，晚上还得赶往加州的范登堡空军基地参加宴会并发表演说。

"重点在于，原子核内存在两种力的平衡：一种是强核力，它是一种引力，倾向于让整个原子核凝为一体；另一种则是质子之间的电斥力。在铀和钚这类比较重的原子核内部，电斥力本身就已经占据了上风，所以只需要外来的一点刺激，譬如说一个中子的撞击，它们就会裂变产生两个碎片。"

博士转向背后的黑板，继续讲道："在这里你可以看到一个可裂变的原子核和一个正在撞击它的中子。两块裂变碎片向外飞出，每块碎片都携带着大约100万电子伏的能量，和碎片一起飞出来的还有几个刚刚被释放的中子——铀的轻同位素裂变能产生2个中子，钚的裂变则会制造出3个中子。然后，咔嚓！裂变反应接连不断地向下进行，就像我画在黑板上的示意图一样。如果可裂变材料只有很小的一块，那么裂变产生的大部分中子会直接飞出去，根本没有机会击中另一个可裂变原子核，因此也无法启动链式反应。但是，如果材料重量超过了所谓的临界质量，比如说，样本直径达到了三四英寸以上，那么大部分中子会停留在材料内部，整块样本也将发生爆炸。这就是我们所说的裂变炸弹，人们常常称之为原子弹——其实这个俗称并不准确。

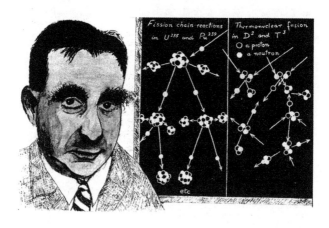

虽然"裂变"和"聚变"这两个词儿听起来十分相似，但实际上它们是两种完全不同的过程

"不过，周期表另一头那些强核力远大于电斥力的原子有一条更好的出路。两个轻原子核接触后会融为一体，就像茶托里的两滴水银一样。这种反应只有在极高的温度下才能发生，因为电斥力会阻止靠得很近的轻原子核发生接触，不过只要温度达到几千万度以上，电斥力就会变得很弱，聚变过程就此开始。最适合发生聚变的原子核是氘核，也就是重氢原子核。黑板右侧画的就是氘核发生热核反应的简单示意图。刚开始研发氢弹的时候，我们以为它将为整个世界带来莫大的好处，因为它不会将放射性裂变产物释放到地球大气中。但实际上我们却无法制造出'干净的'氢弹，因为氘核虽然是最好的核燃料，而且可以直接从海水中提取出来，但它本身无法自行燃烧。因此，我们不得不在这团核心材料外面裹上一层厚厚的铀壳。这些铀会产生大量裂变碎片，所以有的人将这种炸弹称为'脏'氢弹；与此同时，我们在设计受控热核氘反应的时候也遇到了同样的困难，所以无论我们怎么努力，都无法实现这一梦想。但我确信，我们早晚会解决这个问题。"

"泰勒金博士，"听众中有人问道，"原子弹测试产生的裂变产物会污染环境，导致全球生物发生有害的变异，这个问题您怎么看？"

"并不是所有变异都有害，"泰勒金博士笑道，"某些变异还会带来进步。如果生命体从不曾发生任何变异，那你我到今天还是阿米巴虫呢。自然变异和适者生存造就了生命的演化，难道你不知道吗？"

"你难道想说，"人群中有个女人歇斯底里地叫道，"我们应该成打地生孩子，然后留下几个最好的，把其余的都杀掉吗？！"

"呃，这位女士——"泰勒金博士刚准备说话，礼堂的门就被推开了，一位身穿飞行员制服的男人走了进来。

"请快一点，先生！"他扯着嗓子喊道，"你的直升机在大门外等着，要是我们再不出发，你就来不及赶到机场转乘喷气式客机了！"

"真抱歉，"泰勒金博士对观众说道，"但我现在必须走了。Isten veluk（愿上帝与你同在）！"然后他和飞行员匆匆离开了礼堂。

13 木雕师

这是一扇沉重的大门，大门正中写着一条醒目的标语，"非请勿入——高压危险"。但门口的地垫上却写着"欢迎光临"，这极大地冲淡了那种拒人于千里之外的感觉；所以经过片刻的犹豫，汤普金斯先生还是按下了门铃。一位年轻助手领着他走进大门，汤普金斯先生发现自己来到了一间宽阔的屋子里，奇形怪状的复杂机器占据了屋里的一大半空间。

"这是我们的大型回旋加速器，或者说'原子对撞机'，报纸上都是这么写的。"助手一边解释，一边充满爱意地将手放在巨大的电磁铁线圈上，它是这台庞大的现代物理仪器最重要的部件之一。

"它能制造出能量高达上千万电子伏的粒子，"他骄傲地补充道，"没多少原子核经得起这种高能粒子的撞击！"

"呃，"汤普金斯先生说，"原子核一定特别硬吧！想想看哪，你们造了这么大的一台机器，就为了撞碎小小的

这是我们的大型回旋加速器，或者说"原子对撞机"

原子内部更小的原子核。不过我想问一下，这台机器到底是怎么工作的？"

"你去过马戏团吗？"他的岳父突然从加速器巨大的轮廓后面冒了出来。

"呃，当然去过。"汤普金斯先生答道。这个出乎意料的问题让他觉得有些窘迫，"你是说，你想让我今晚陪你去马戏团？"

"不完全是。"教授回答，"不过要是有机会去马戏团看看，你就能更好地理解回旋加速器的工作原理。观察一下这块大磁铁的两极之间，你会发现这里有个圆形的铜盒，它的作用类似马戏场的舞台，核轰击实验所需的各种带电粒子在这里完成加速。铜盒中央是这些带电粒子——或者说离子——的源头，它们刚被制造出来的时候速度很慢；强磁场会扭曲这些粒子的运动轨迹，使之形成一圈圈的微型螺旋，然后我们会鞭策这些粒子，让它们不断加速。"

"我知道驯兽师怎么鞭策马，"汤普金斯先生困惑地说，"但却想不出你能怎么鞭策这么小的粒子。"

"其实很简单。既然粒子在不断转圈，那么你只需要在它每次经过同一个位置的时候对它施加电击就好，就像马戏团里的驯兽师站在舞台边缘，每次马儿从他身边经过，他就会鞭策它。"

"但驯兽师能看到马，"汤普金斯先生表示反对，"你能看到铜盒里转圈的粒子吗？要是看不见的话，你又怎么知道该在什么时候施加电击呢？"

"我当然看不到粒子，"教授承认，"但我也不需要看到它。回旋加速器最关键的秘密在于，虽然被加速的粒子跑得越来越快，但它转完一圈需要的时间总是完全相同。

你看，重点在于，随着粒子的运动速度不断增长，它运动的轨道半径——和轨道周长——也会相应地变大。所以它实际上是沿着一条向外发散的螺线运动，正是出于这个原因，粒子每次运动到'舞台边缘'同一位置所需的时间间隔总是一样。你只需要调整放电设备的设置，让它按照同样的时间间隔放电就好。我们采用的是振荡电路系统，广播电台也有类似的设备。加速器释放的每一次电击都不强，但通过不断的循环累积，它能刺激粒子，使之达到极高的速度。这是回旋加速器的一大优势，它能制造出等价于数百万伏高压的效果，却不必真正使用这么高的电压。"

"真的很巧妙，"汤普金斯先生若有所思地赞道，"这么巧妙的设备是谁发明的呢？"

"第一台回旋加速器的建造者是加州大学的欧内斯特·奥兰多·劳伦斯（Ernest Orlando Lawrence），那是很多年前的事情，现在他已经过世了。"教授回答，"从那以后，人们制造出了越来越大的回旋加速器，这种设备也以流言传播般的速度进入了一个个物理实验室。它比以前那些利用级联变压器或静电原理完成加速的旧设备方便得多。"

"要是没有这些复杂的设备，难道我们就不能打破原子核吗？"汤普金斯先生不服气地问道。他是简洁的忠实信徒，一向不信任比锤子更复杂的工具。

"当然可以。事实上，卢瑟福完成首次人工元素嬗变的著名实验时，他用的就是天然放射性物质产生的普通 α

粒子。但那已经是 20 年前的事儿了，你应该明白，这 20 年里，撞击原子的技术已经有了很大的进步。"

"能让我亲眼看看你们是怎么撞击原子的吗？"汤普金斯先生问道，他喜欢眼见为实，不愿意听冗长的解释。

"乐意效劳。"教授说，"正好有一项实验刚刚开始。我们打算进一步研究高速质子撞击硼原子核，使之发生分裂的过程。如果硼原子核被一个能量足以穿透核势垒、进入原子核内部的质子击中，它会分解成三块完全相同的碎片。我们可以通过所谓的'云室'直接观察这个过程，这种设备能让我们看到碰撞过程中所有粒子的运动轨迹。现在，加速器出口处就有一个这样的云室，云室中央放着一小片硼；加速器启动以后，你将亲眼看到原子核被撞碎的过程。"

"请合上开关，好吗？"他转头吩咐助手，"我来调整磁场。"

启动回旋加速器需要一点时间，现在实验室里只剩下汤普金斯先生一个人还在无所事事地闲逛。闪着微弱蓝光的庞大而复杂的放大器管路系统吸引了他的注意力。加速器内的电压虽然不足以击碎原子，但却足够电倒一头牛；然而汤普金斯先生对此一无所知，所以他毫无戒备地弯下腰，想凑近一点观察这些管子。

实验室里响起一阵清脆的噼啪声，仿佛马戏团的驯狮员甩了一道响鞭，汤普金斯先生感觉一股强烈的电击穿透了自己的整个身体。下一秒钟，周围的一切都陷入了黑暗，他失去了意识。

等他睁开眼睛的时候，他发现自己俯卧在地板上，身体保持着刚才被电压击倒的姿势。实验室看起来似乎和刚才完全一样，但屋里的景象却完全变了。高耸的加速器磁铁、闪光的铜线和无所不在的几十种复杂电设备全都消失了，现在汤普金斯先生眼前只有一张长长的木质工作台，上面摆着几件简单的木匠工具。墙边摆着一排老式储物架，他注意到架子上有许多奇形怪状的木雕。一位和蔼的老人正在工作台旁干活，仔细观察之下，汤普金斯先生惊讶地发现，这位老人看起来既像迪士尼动画《匹诺曹》里的杰佩托爷爷，又像教授实验室墙上挂的尼尔森的卢瑟福男爵肖像。

"打扰了，"汤普金斯先生从地板上爬起来说道，"可我本来正在参观一间核物理实验室。然后我似乎遇到了什么奇怪的事情。"

"噢，你对原子核感兴趣。"老人放下手中正在雕刻的一块木头，"那你算是找对地方了。我的工作就是制作各式各样的原子核，我很乐意带你参观一下我的小工坊。"

"你说，你的工作是制作原子核？"汤普金斯先生震惊地问道。

"是的，当然。显然，这份工作需要一定的技术，尤其是那些放射性元素的原子核，不然的话，在你上色之前它们就会自己裂开。"

"上色？"

"是的，我把带正电的粒子涂成红色，带负电的粒子涂成绿色。你可能听说过，红色和绿色是所谓的'互补色'，它们混合在一起会互相抵消①，就像自然界的正负电荷一样。如果原子核内部的正电荷与负电荷数量相等，而且这些带电粒子一直在快速运动，那么整个原子核应该是电中性的，你也会看到它呈现出白色。不过，要是正电荷或者负电荷比较多，整个系统就会变成红色或绿色。很简单吧？"

"瞧，"老人指着桌边的两个大木箱继续说道，"我用来制作各种原子核的材料都放在这儿。第一个箱子里的红球是质子。这种粒子非常稳定，永远不会褪色，除非你用小刀或者其他什么工具把它的颜色刮掉。第二个箱子里的中子就麻烦多了。正常情况下，中子是白色的，或者说呈电中性，但它们很容易变成红色的质子。只要别打开盖子，什么都好说，但要是打开箱子取出一个中子，我们马上就有好戏看了。"

老木雕师打开木箱，取出一个白球放在桌上。有那么一小会儿，似乎什么事情都没发生，可就在汤普金斯先生

---

① 各位读者必须记住，颜色互相抵消的法则只适用于光线，而非颜料本身。如果将红色和绿色的颜料混在一起，你只会得到一团肮脏的颜色。从另一方面来说，如果我们将某件玩具的一半涂成红色，另一半涂成绿色，然后快速转动，它看起来就会变成白的。——原注

快要失去耐心的时候，白球突然活了过来。扭曲纠缠的红绿条纹开始出现在球面上，有那么几秒钟，整个中子球看起来就像孩子们最爱玩的彩色玻璃弹珠一样。紧接着绿色渐渐集中到球体一侧，最终彻底与小球分开，亮绿色的小液滴骨碌碌地滚落在地板上，小球本身却变成了纯粹的红色，看起来和第一个箱子里的红色质子一模一样。

"看到了吧。"木雕师捡起地上的绿色液滴，现在它已经变成了一个坚硬的小圆球，"中子的白色会分解成红色和绿色，整个中子也随之分裂产生两个粒子，其中一个是质子，另一个是负电子。"

"是的，"看到汤普金斯先生脸上惊讶的表情，他又补充道，"这个看起来像翡翠一样的粒子不是别的，正是普通的电子，和原子内部或者别的什么地方的电子毫无区别。"

"老天爷啊！"汤普金斯先生叹道，"这比我见过的任何彩色手帕魔术都更精彩。不过你能把它的颜色变回去吗？"

"是的，我可以把这滴绿色颜料重新涂到红球上，让它变回白色，不过当然，这需要消耗一些能量。另一种方法是把小球上的红色颜料刮掉，这也需要消耗能量。从质子表面刮下来的红颜料会形成一个红色的液滴，也就是一个正电子，你可能听说过这个名词。"

"当然，我自己就当过电子……"汤普金斯先生刚开口就反应过来不对，于是他换了个话题，"我是说，我听别人说，正电子和负电子一旦相遇就会互相湮灭。"他说，"这个戏法你也会变吗？"

"噢，那太简单了。"老人回答，"但现在我不必劳神费力去刮质子上的颜料，因为我手头还有几个早上剩下来的正电子。"

他打开抽屉，取出一个正红色的小球，然后用拇指和食指紧紧捏住它，将它放在桌面上的绿球旁边。伴随着一

阵刺耳的噪音——听起来像是炸响的鞭炮——两个小球一起消失了。

"你看到了吗？"木雕师吹了吹轻微灼伤的手指，"所以我们不能用电子来制造原子核。以前我试过一次，但我立即放弃了。现在，我只用质子和中子。"

"但中子也不稳定，难道不是吗？"汤普金斯先生还记得刚才老人演示的情景。

"单独的中子的确不太稳定。但如果你将它紧紧地包在原子核里，然后用其他粒子把它裹起来，中子就会变得相当稳定。不过，话分两头说，如果中子或质子的数量实在太多，它们也可能自发转化，多余的颜料会以负电子或正电子的形式从原子核中释放出来。这样的调整被我们称为'β衰变'。"

"你制作原子核的时候会用胶水吗？"汤普金斯先生好奇地问道。

"噢，根本用不着胶水，"老人回答，"你看，只要你设法让这些粒子发生接触，它们会自己粘到一起。要是你愿意的话，你可以亲自试试。"

听从了老人的建议，汤普金斯先生左手抓了个中子，右手捏起一个质子，然后小心翼翼地将它们凑到一起。两个粒子接近的瞬间，他感觉到了一股强大的拉力，与此同时，他看到了非常奇怪的一幕。质子和中子开始交换颜色，红色和白色交替变换，就像红颜料在右手的质子和左手的

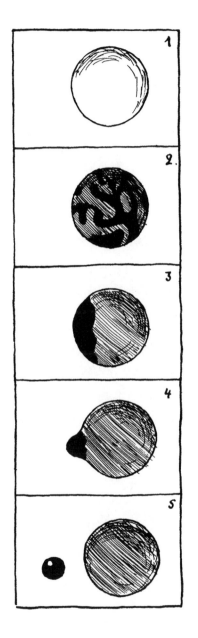

中子之间来回"跳跃"。颜色闪烁的速度如此之快，两个球之间仿佛连接着一条粉色的带子。

"我理论界的朋友将这种效应命名为'交换现象'。"看到汤普金斯先生惊讶的样子，老木雕师轻笑起来，"这两个球都想变成红色，或者说都想拥有电荷，随你怎么说；不过，它们显然无法同时拥有这个电荷，所以只能不断交换。谁也不愿意放弃，除非你用力将它们分开，否则它们会一直这样僵持下去。现在我可以向你演示一下制作原子核到底有多简单。你想要哪种原子核？"

"金。"汤普金斯先生回答，他还惦记着

中世纪炼金师的野望。

"金？让我瞧瞧。"老人咕哝着查看墙上挂的巨幅表格，"金原子核重 197 个单位，携带 79 个正电荷。这意味着我需要 79 个质子，再加入 118 个中子，这样才能得到正确的质量。"

他数出 79 个质子和 118 个中子，把它们全都放进一个圆筒形的容器里，然后在上面压了个沉重的木活塞。紧接着，老人用尽全身力气，向下推动活塞。

"我必须这样做，"他对汤普金斯先生解释道，"带正电的质子之间存在极强的电斥力。不过，只要活塞带来的压力超过了电斥力，所有的质子和中子就会在相互交换力的作用下紧紧地粘到一起，形成你想要的原子。"

将活塞压到最低位置以后，老人这才拔出活塞，灵巧地将圆筒倒了过来。一个闪光的粉色小球滚落在桌面上，汤普金斯先生凑上前去仔细查看，这才发现，小球之所以呈粉红色，是因为那些快速移动的粒子在红色和白色之间不断变换。

"多漂亮的金原子啊！"他赞叹道。

"这还不能算是原子，只是原子核而已，"老木雕师纠正了他的说法，"要制作一个完整的原子，你还得加入正确数量的电子，用传统的方式给原子核套上电子层，这样才能抵消它携带的正电荷。不过这一步很简单，只要周围有电子，原子核就会自发捕获它们。"

"真有趣，"汤普金斯先生说，"我岳父从来没告诉过我，制作黄金竟然这么简单。"

"噢，你岳父！还有那些所谓的核物理学家！"老人的语调里火气十足，"他们总爱夸夸其谈，却从来不干实事。他们说，你不能将单独的质子压成复合原子核，因为不可能有那么大的压力。有个家伙甚至算出了一个结果，他说，要把质子粘到一起，你需要的压力相当于整个月球的重量。哼，如果唯一的问题就是压力，他们怎么不去打月亮的主意呢？"

"但他们的确制造出了一些核嬗变。"汤普金斯先生提醒说。

"噢，当然，但这种方法相当粗糙，而且十分初级，制造出的新元素也少得几乎看不见。我现在就可以向你演示一下，他们到底是怎么干的。"老人取出一个质子，用力将它掷向桌上的金原子核。靠近原子核表层时，质子的速度变慢了一点，它在原子核外徘徊了片刻，然后一头扎了进去。吞掉了质子的原子核像发烧一样颤抖了一小会儿，然后掉下来一小块碎片。

"你看，"木雕师捡起那块碎片，"这就是他们所说的 α 粒子。仔细观察一下，你会发现它由两个质子和两个中子组成。这样的粒子通常由所谓的放射性元素重原子核自发释放，但你也可以撞击普通的稳定原子核，只要力度够大，它也会释放 α 粒子。但我必须提醒你，现在桌子上残留的碎片已经不再是金原子核了，它失去了一个正电荷，所以现在，它变成了铂原子核，这种元素在周期表中排在金的前一位。不过，在某些情况下，入射质子会直接融入原子核，而不是让它分裂成两个部分；这样一来，你将得到周期表中排在金后面一位的元素，也就是汞。这个过程和类似的其他过程实际上能让你将任意给定元素转化为另一种任意元素。"

"噢，现在我明白他们为什么需要回旋加速器制造出来的高速质子了，"汤普金斯先生终于开始懂了，"可你为什么说这种办法不好呢？"

"因为它的效率低得要命。首先，那些科学家不可能像我这样用入射粒子瞄准原子核，所以他们发射了几千个高速质子，最后命中目标的可能只有一个。第二，就算每个入射粒子都能成功击中原子核，它也很可能会被原子核弹开，而不是钻进原子核里。你可能已经注意到了，我向金原子核投掷质子的时候，入射质子实际上在原子核边缘徘徊了一小会儿，然后才钻了进去，那时候我真担心它会被弹回来。"

"那又是什么阻止了入射粒子直接钻进原子核呢？"汤普金斯先生好奇地问道。

"你可以猜猜看。"老人回答，"你应该记得，原子核和入射质子都携带正电荷，所以二者之间的斥力会形成一道难以跨越的藩篱。就算入射质子最终穿透了原子核的壁垒，这也只是因为它们利用了某种类似特洛伊木马的技术：它们以波——而不是粒子——的形式潜入了原子核。"

"呃，现在你真的把我难住了，"汤普金斯先生忧伤地说，"你的话我一个字儿都听不懂。"

"恐怕真是这样。"木雕师笑道，"实话告诉你吧，我是个工匠。我擅长动手干活，这些理论上的事儿我也不太清楚。不过，重点在于，既然这些组成原子核的粒子由量子材料制成，那么它们总有办法穿透——或者说渗入——看似不可逾越的障碍。"

"啊，我明白你的意思了！"汤普金斯先生喊道，"以前我去过一个奇怪的地方，那儿的桌球正好符合你的描述，那还是我认识莫德之前不久的事儿。"

"桌球？你是说真正的象牙桌球？"老木雕师急切地问道。

"是的，据说那些桌球是用量子大象的牙做的。"汤普金斯先生回答。

"啊，这就是人生。"老人哀叹，"他们用这么昂贵的材料来制作玩具，我却只能用普通的量子橡木来雕刻质子和中子，要知道，这可是组成整个宇宙的基本粒子！"

"不过，"他试图掩饰自己的失望，"我的木头玩具虽然寒酸，但绝不比他们那些昂贵的象牙玩意儿差劲！我这就让你看看，它们跨越藩篱的方法是多么巧妙。"老人爬到长凳上，从架子最顶层取下一个奇形怪状的木雕，它看起来就像一座火山。"你现在看到的模型，"他轻轻拂掉木雕上的灰尘，"代表任意原子核周围的斥力屏障。外面的山坡代表质子和原子核之间的电斥力，火山口代表聚合原子核内所有粒子的凝聚力。现在，如果我取一个球，让它沿着山坡向上滚动，但我给的推力不足以让它翻越火山口周围的山脊，那你肯定觉得，这个球最终会重新滚向山底。不过，实际情况到底如何，我们还是眼见为实吧……"他一边说，一边轻轻推了一下小球。

"呃，我没看到什么奇怪的事情。"看着小球沿着山坡向上爬了大约一半的高度，然后重新滚向桌面，汤普金斯先生说道。

"别急，"木雕师轻声说，"你总不能指望一次成功。"他又推了一下，这次小球还是滚了回来。不过第三次尝试的时候，小球快要滚到一半的高度时，它突然消失了。

"唔，你觉得这个球去哪儿了？"老木雕师像个真正

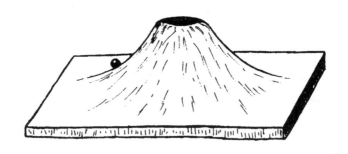

的魔术师那样胸有成竹地问道。

"你是说，它现在钻进了火山口里面？"汤普金斯先生反问。

"是的，你的回答完全正确。"老人一边说，一边用手指把小球拈了出来。

"现在我们反过来试试，"他提议道，"看看这个球能不能不经过山脊就从火山口里钻出来。"他随手把球扔回洞里。

有那么一小会儿，什么事情都没发生，汤普金斯先生只能听到小球在火山口里面来回滚动的轻响。紧接着，小球突然奇迹般地出现在外面的半山腰上，然后沿着山坡无声地滚向桌面。

"你现在看到的是放射性 α 衰变的典型过程，"木雕师将木雕模型放回原地，"只不过在现实世界里，阻挡粒子的不是量子橡木雕成的山坡，而是电斥力。但从本质上说，它们没什么区别。有时候，这样的电藩篱近乎'透明'，粒子眨眼间就能轻松逃离；但在另一些时候，这样的藩篱又特别'厚重'，粒子可能需要几十亿年时间才能离开，例如铀原子核。"

"但为什么只有一部分原子核具有放射性呢？"汤普金斯先生问道。

"因为大部分原子核火山口内部的'地面'低于外面的地平线，只有那些已知最重的原子，它们火山口里面的地面才足够高，能为粒子提供逃逸的基本条件。"

　　很难说汤普金斯先生和善良的老木雕师一起在工坊里待了多久，无论来访者是谁，这位老人总会热心地把自己的知识传授给他。汤普金斯先生见识了许多非同寻常的新奇玩意儿，其中最古怪的是一个关得严严实实，但里面似乎什么都没有的盒子，盒盖上贴着标签：中微子。轻拿轻放，切勿泄漏。

　　"这个盒子里有东西吗？"汤普金斯先生把它凑到耳边晃了晃。

　　"我不知道。"木雕师回答，"有人说有，也有人说没有。反正你什么都看不见。这个漂亮的盒子是一位搞理论的朋友送给我的，其实我也不知道它到底有什么用。你最好别碰它。"

汤普金斯先生还在工坊里找到了一把沾满灰尘的小提琴，它看起来十分破旧，仿佛出自斯特拉迪瓦里[①]的祖父之手。

"你会拉小提琴吗？"他问木雕师。

"只会拉 γ 射线小调。"老人回答，"这是一把量子小提琴，拉不出别的曲调。以前我还有一把只能拉可见光小调的量子大提琴，但有人把它借走了，然后再也没有还给我。"

"呃，请为我拉一支 γ 射线小调吧，"汤普金斯先生请求道，"我从没听过这样的音乐。"

"那我给你拉一支《升 C 调里的核》，"木雕师将小提琴搭上肩头，"不过你一定得做好心理准备，这支曲子非常悲伤。"

这的确是一支非常奇怪的曲调，汤普金斯先生从没听过这样的音乐。海浪冲刷沙岸的声音宛转循环，仿佛永不停歇，间或被某个颤动的高音打破，听起来就像子弹的呼啸。汤普金斯先生对音乐不太在行，但这支曲子似乎有一种古怪而强大的感染力。他坐在一张旧扶手椅里，舒舒服服地伸展身躯，闭上了眼睛……

---

① 17 世纪著名的乐器制造师。

14　真空中的洞

女士们，先生们：

今晚我希望各位格外用心，因为今天我们要讨论的问题特别困难，但同时也十分迷人。我想和大家聊聊一种名叫"正电子"的新粒子，它的特性非常奇妙。值得一提的是，早在这种新粒子真正被发现的几年前，科学家就从纯理论的角度预测了它的存在；而且我们之所以能找到这种粒子，很大程度上应该归功于科学家对其主要特性的理论预测。

做出这一预测的荣耀属于英国物理学家保罗·狄拉克，你应该听过他的名字。狄拉克基于理论推出的结果实在过于奇怪和异想天开，所以很长一段时间里，大部分物理学家拒绝相信这个结果。狄拉克理论的基本理念可以简单归纳成一句话："空旷的空间中应该有洞。"我看到了，你们都很惊讶；呃，狄拉克第一次抛出这个惊世骇俗的观点时，全世界的物理学家也很惊讶。空旷的空间里怎么可能有洞？听起来简直毫无道理。但是，如果我们假设所谓的真空其实并不完全是空的，事实上，狄拉克理论的主要观点就包含了这个假设：所谓的空旷空间，或者说真空，实际上包含着大量排列得非常整齐的普通负电子。不用说，这个古老的假设绝不是狄拉克凭空幻想出来的，而是与普通负电子有关的某些理论或多或少地迫使他朝着这个方向思考。事实上，根据现有理论，我们必然得出一个结果：除了原子内部的运动量子态以外，纯粹的真空中也存在无数种特殊的"负量子态"；这样一来，除非有人能阻止电子奔向这些"更舒服的"运动状态，否则它们必然抛弃原子——我们可以这样说——融入真空。那么要阻止电子奔向更舒服的地方，唯一的方式是让其他电子（还记得泡利的理论吧）提前"占据"这些位置；考虑到这一点，我们必须相信，真空中的所有量子态必然已经被均匀分布的无数电子填满了。

我的话听起来可能有点儿像咒语，也许你们听得一头雾水，但这个话题真的很难，我只能希望，如果你专心听讲，那么到了最后，你对狄拉克的理论应该多少有些了解。

呃，无论如何，狄拉克得出结论，真空中充满了均匀分布、密度极高的电子。如果真是这样，我们为什么完全没有注意到这些电子的存在，反而以为真空是彻底空旷的空间呢？

将自己想象成深海里的一条鱼，你可能更容易理解这个问题的答案。如果深海鱼有足够的智力，它会意识到自己周围全都是水吗？

听到这段话，汤普金斯先生终于醒了过来——讲座刚开场他就已经睡着了。现在他似乎成了一名渔夫，他感觉到了海边清新的微风和蓝色海浪温柔的起伏。不过，尽管汤普金斯先生是个游泳高手，但他也没法停留在海面上；他的身体开始越来越深地沉向海底。奇怪的是，他完全感觉不到缺氧，也没有任何不适。也许这是某种特殊的返祖变异，他暗自想道。

古生物学家说，生命起源于海洋；鱼类中最早踏上陆地的先行者是所谓的肺鱼，它们爬上海滩，用鳍行走。生物学家认为，这些最早的肺鱼——包括澳大利亚的"昆士兰肺鱼"，非洲的"非洲肺鱼"和南美洲的"美洲肺鱼"——慢慢进化成了老鼠、猫和人类这样的陆生动物。不过，历经了陆地生活的无数艰辛以后，也有一些动物——例如鲸和海豚——选择回归大海。它们保留了在陆地上辛苦习得的部分特性，也保留了哺乳的习性，雌性的水生哺乳动物在自己体内孕育幼崽，而不是直接在水中产卵，然后再由雄性授精。匈牙利著名科学家利奥·西拉德[①]（Leo Szilard）甚至说过，海豚比人类还要聪明。

海洋深处传来的谈话声打断了他的思绪，说话的是一

---

① 利奥·西拉德，《海豚之轭及其他故事》，西蒙与舒斯特出版公司，纽约，1961年——原注

狄拉克与海豚交谈

头海豚和一名典型的人类，汤普金斯先生一眼就认了出来（他见过这位先生的照片），这个人正是剑桥大学的物理学家保罗·阿德里安·莫里斯·狄拉克。

"你看，保罗，"海豚说道，"你认为我们周围的空间不是真空，而是一种由负质量粒子组成的介质。要我来说的话，水和真空本质上没有区别；它十分均匀，而且我可以在水中自由自在地游动，想去哪个方向都行。但我听过远古的祖先留下的古老传说，陆地上的情况和我们这儿完全不一样，那里有难以翻越的山脉和峡谷，可是在水里，我想朝哪儿游就朝哪儿游。"

"关于海里的情况，你说的一点儿都没错，我的朋友，"狄拉克答道，"水会对你的身体表面产生摩擦力，如果你的尾巴和鳍都完全不动的话，你就只能停留在原地。除此以

195

外，由于水的压强会随深度而变化，所以你可以通过控制身体的膨胀和收缩实现上浮和下沉。但是，如果海水既没有摩擦力，也没有压强差，那你就会变得像火箭燃料耗尽的宇航员一样无助。我的海洋由质量为负的电子组成，它完全没有摩擦力，因此也不能被观察到。除非这片海洋中的某个电子不见了，我们的物理设备才能发现相应的痕迹，因为负电荷的缺失等同于正电荷的存在，这样的异常就连库仑都能觉察到。

"要用普通的海洋类比我的电子海洋，为了避免产生误会，首先我们必须做一个重要的例外声明。重点在于，由于我的海洋里的电子遵循泡利的不相容原理，所以当所有可能的量子态都被占据时，这片拥挤的海洋里连一个额外的电子都挤不进来。多余的电子只能停留在海面上方，实验者可以轻松发现它的行踪。J. J. 汤姆孙（J. J. Thomson）爵士首次发现的电子、绕着原子核旋转的电子和真空管里飞行的电子都是这样的多余电子。在我 1930 年发表第一篇论文之前，人们一直认为，除了我们能观察到的这些东西以外，空间中空无一物；大家普遍相信，物理现实只是偶尔浮现在零能量海面之上的浪花。"

"可是，"海豚说道，"如果你的海洋完全无法观察，因为它没有摩擦力，而且均匀连续，那么讨论它又有什么意义呢？"

"这个嘛，"狄拉克回答，"假设某种外来的力量将某个负质量电子从海洋深处捞出了海面，在这种情况下，我们能观察到的电子数量会增加一个，这显然违反了守恒定律。但是，随着这个电子的离开，我的海里会出现一个可观察的洞，因为原本均匀分布的负电荷少了一个，这可以视为多了一个电量相等的正电荷。这个带正电的粒子质量也应该为正，它将顺着重力方向运动。"

"你是说，它会向上浮向海面，而不是沉向海底？"海豚惊讶地问道。

"当然，我相信你见过很多被重力拉得下沉的东西：譬如船上扔下来的物品，甚至船只本身。不过你瞧！"狄拉克骤然打断了自己的话，"看到那些升向海面的银色小家伙了吗？它们在重力作用下运动，但运动的方向却和重力相反。"

"但那只是气泡而已。"海豚反驳说，"可能是某件包含空气的东西翻了过来，或者在海底的石头上撞碎了，所以这些气泡才会被释放出来。"

"你说得对，但你在真空中不可能看到上升的气泡，因此我的海洋绝不是空的。"

"真是一套巧妙的理论，"海豚赞道，"但世界真是这样吗？"

"1930 年，我第一次提出这套理论的时候，"狄拉克回答，"没有人相信它。这很大程度上应该归咎于我，因为最初我提出的观点是，这些带正电的粒子不是别的，正是实验者熟悉的质子。当然，你肯定知道，质子的重量是电子的 1840 倍，但当时我希望通过数学方法弄清楚，给定大小的力作用于这些'气泡'的时候为何会遭遇额外的加速阻力，从而为 1840 这个倍数找到合理的解释。但我的努力没能成功，计算结果表明，我的海洋里的气泡质量和普通的电子完全相等。当时我的同行泡利——他是个很有幽默感的人——正在四处推广他所谓的'泡利第二原理'。你看，失去了一个电子以后，我的海洋里会留下一个洞；根据泡利的计算，普通电子只要靠近这个洞就会立即将它填满。按照同样的逻辑，如果氢原子内的质子实际上是一个'洞'，那它必然在极短的时间内被绕核旋转的普通电子填满，两个粒子会同时消失，只留下一道强光——或者我应该说，一道强烈的 γ 射线。当然，其他所有元素的原子也将遭遇同样的悲剧。现在，根据泡利第二原理，物理学家提出的任何理论必然立即作用于组成他自身身体的物质，所以，我根本没机会向任何人阐述自己的想法，因为在此之前我早就湮灭了。就像这样！"伴随着一道炫目的辐射，狄拉克骤然消失了。

"先生，"一个声音在汤普金斯先生耳边严厉地说，"想在课堂上睡觉，这是你的自由，但你不该打鼾。教授说的话我简直一个字都听不见。"

汤普金斯先生睁开眼睛，拥挤的礼堂和讲台上的老教授再次映入他的眼帘，教授还在滔滔不绝地讲课：

现在我们来看看，如果某个四处游荡的洞遇上了一个想在狄拉克之海中找个安乐窝的多余电子，那会发生什么。显然，这样的遭遇必然导致多余电子掉进洞里将它填满，于是物理学家惊讶地观察到了正电子和负电子的互相湮灭。这个过程产生的能量将以短波辐射的形式向外释放，正负电子互相吞噬，就像那个著名童话里的两头狼一样，这道辐射是它们在这个世界上留下的唯一印记。

除此以外，我们还可以想象另一个相反的过程：强烈的外部辐射"凭空制造"出一对电子，其中一个携带的电荷为正，另一个为负。根据狄拉克的理论，这个过程实际上是从连续分布的电子海洋中"敲"出了一个电子，所以这并不是什么凭空创造，而是将两个电性相反的粒子分离开来。现在请看这幅示意图，它抽象地描绘了电子对的"创造"和"湮灭"；你可以看到，这个过程并不神秘。在此我必须补充一下，虽然严格说来，创造电子对的过程的确有可能发生在绝对的真空中，但实际上，这种情况出现的概率很低；你可以这样理解，真空中的电子分布得过于均匀，很难被破坏，但从另一方面来说，物质的重粒子能为 γ 射线提供支点，帮助它破坏电子的均匀分布，所以我们更容易在重粒子周围观察到"创造"电子对的过程。

不过，显然，通过这种方法创造出来的正电子不可能存在太长时间，因为负电子充斥着宇宙的每个角落，所以正电子很快就会遇到一个电性相反的同类，然后双双湮

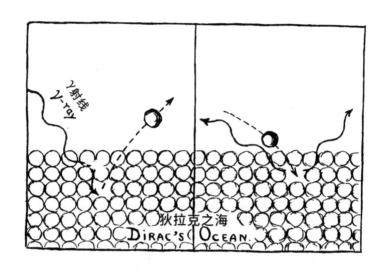

灭。正是出于这个原因，物理学家直到最近才找到了这种有趣的粒子。事实上，直到 1932 年 8 月（狄拉克的理论发表于 1930 年），加州物理学家卡尔·安德森（Carl Anderson）才在研究宇宙射线的时候发现了一种新的粒子，它的性质与普通电子几乎完全相同，只有一个重要的区别：新粒子携带的电荷不是负的，而是正的。此后不久，我们就掌握了一种在实验室条件下制造电子对的简单方法：只需要让一束强大的高频辐射（例如放射性的 γ 射线）穿过任意物质材料就好。

在我的下一张幻灯片中，你将看到物理学家通过所谓的"云室"为宇宙射线中的正电子拍下的照片，以及电子对的创造过程。不过在此之前，我必须解释一下这些照片的拍摄过程。云室，或者说威尔逊云室，是现代实验物理学界最实用的设备之一；任何带电粒子在穿过气体时必然沿着运动轨迹产生大量离子，云室正是基于这一原理制造出来的。如果气体中充满饱和水蒸气，那么这些离子将凝结水汽，形成微小的液滴，最终你将看到一缕代表粒子运动轨迹的薄雾。用强光照亮黑色背景上的雾带，我们就能拍到代表粒子运动过程的完美照片。

现在屏幕上的前两张图片就是安德森为宇宙射线中的正电子拍摄的最早照片；顺便说一下，这也是科学家用镜头捕捉到的第一个正电子。横贯照片的水平宽条带实际上是科学家放在云室中央的一块厚铅板，铅板上方那条纤细的弧线就是正电子的运动轨迹。它之所以是弯的，是因为做实验的时候，科学家将云室放在强磁场中，粒子的运动也因此受到了影响。实验者引入磁场和铅板是为了确定粒子携带的电荷属性，我们可以通过下面的推理完成这一重要判断：我们知道，不同电性的粒子在磁场中偏转的方向各不相同。在这个实验中，科学家将磁铁放在一个特殊的位置，这样一来，磁场中的负电子必然沿着原来的运动方向向左偏转，而正电子只能向右偏转。因此，如果照片中的粒子是向上运动的，那么它携带的可能是负电荷。但我们又该怎么判断它的运动方向呢？这时候就轮到铅板出场了。穿过铅板的粒子会损失一部分初始能量，因此磁场带来的偏转效应必然变得更加明显。通过这张照片我们可以看到，铅板下方的粒子轨迹偏转得更厉害（乍看之下可能很难分辨，但以铅板为参照物，你依然能看出轨迹前后半段的区别）。所以我们得出结论：这个粒子正在向下运动，因此它携带正电荷。

另一张照片的拍摄者是剑桥大学的詹姆斯·查德威克

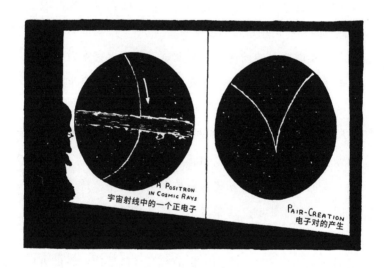

A POSITRON IN COSMIC RAYS
宇宙射线中的一个正电子

PAIR-CREATION
电子对的产生

（James Chadwick），他让我们直观地看到了云室中电子对的创造过程。一道强烈的 γ 射线从下方射入（我们在照片中看不到它的运动轨迹），在云室中央制造出一对电子；在强磁场的影响下，这两个粒子朝相反方向飞出。看到这张照片，你或许会问，这个正电子（左）穿过气体时为什么没有湮灭。这个问题的答案也藏在狄拉克的理论中，爱打高尔夫球的人应该很容易理解：如果你击球的力度太大，那么就算你瞄得很准，球也不太可能直接滚进洞里。同样地，高速运动的电子不会掉进狄拉克的洞里，除非它的速度减慢了很多。因此，刚刚诞生的正电子速度太快，不太可能发生湮灭；只有在运动过程中经历了多次碰撞减速以后，它才会走向毁灭的命运。此外，仔细观察之下，你不难发现，湮灭产生的辐射实际上代表着正电子运动轨迹的终点。这个事实进一步验证了狄拉克的理论。

现在，我们要讨论的重点还剩下两个。首先，我一直说狄拉克之海里充满了负电子，正电子是这片海洋里的洞。不过你也可以反过来说，正电子才是这片海洋里的水，负电子是洞。要完成这样的反转，我们只需要假设狄拉克之海不是满得溢了出来，而是一直处于粒子短缺的状态中。在这种情况下，我们可以将狄拉克之海形象地比作一块多孔的瑞士奶酪。由于长期缺少粒子，这些洞必然一直存在。就算某个粒子被敲了出去，要不了多久它就会再次掉回洞里。尽管如此，我们还是可以说，无论从物理学还是数学的角度来看，这两种情形其实完全相同，所以你选哪种都一样。

第二个重点可以归结为一个问题："既然在我们生活的这个世界里，负电子的数量占据了绝对的优势，那么我们是否可以假设，宇宙中存在另一片充满正电子的区域？"换句话说，我们的狄拉克之海中这些多余的粒子是不是从别的地方跑过来的？

这个问题很有趣，也很难回答。事实上，由正电子围绕带负电子的原子核构成的"反原子"看起来应该和普通原子完全相同，所以我们无法通过光谱观察的方法解决这个问题。据我们所知，大仙女座星云中的物质很可能由这种反粒子构成，但要验证这个猜想，唯一的办法就是从那片星云中采集样品，让它接触地球物质，观察二者是否发生湮灭。当然，这场爆炸的威力肯定非常惊人！近来有人传说，闯入地球大气的某些陨石由反物质构成，但我觉得这样的流言不足为信。事实上，宇宙中不同区域的狄拉克之海是否各有盈亏，这个问题我们可能永远找不到答案。

15 汤普金斯先生品尝日本料理

一个周末，莫德去了约克郡看望姨妈，汤普金斯先生邀请教授去一家著名的寿喜烧餐厅共进晚餐。他们坐在矮桌旁的软垫上，一边享用美味的日本佳肴，一边举着小杯子轻啜清酒。

"请给我讲讲，"汤普金斯先生问道，"前几天我听了泰勒金博士的讲座，他说原子核内的质子和中子被某种强核力紧紧束缚在一起，我想问一下，将电子束缚在原子内部的也是这种核力吗？"

"噢，不是！"教授回答，"强核力完全是另一回事。将电子束缚在原子内部的力只是普通的静电力而已，早在 18 世纪末，法国物理学家夏尔·奥古斯丁·德·库尔（Charles-Augustin de Coulomb）就第一次对这种力进行了详细的研究。静电力相对较弱，而且这种力与距离的平方成反比。强核力和静电力完全不同。质子和中子互相靠近但还没有彼此接触的时候，它们之间实际上不存在任何力的作用。但是，一旦二者发生接触，一种极强的力就会立即将它们束缚在一起。这就像两段胶带，如果它们没碰到一起，哪怕只隔了一小段距离，它们也能相安无事；但只要发生接触，它们就会变得像兄弟一样亲密无间。物理学家将这种力称为'强相互作用'，它与粒子携带的电荷完全无关，无论是质子—中子对，还是质子—质子对或者中子—中子对，任意两个核子之间的强相互作用完全相等。"

"有什么理论能解释这些力吗？"汤普金斯先生追问。

"啊，有的。20世纪30年代初，汤川秀树（Hidekei Yukawa）提出，强相互作用之所以存在，是因为两个核子交换了某种未知的粒子——核子是质子和中子的统称。两个核子互相靠近的时候，这些神秘的粒子开始在二者之间来回跳跃，从而产生一种极强的凝聚力，将它们紧紧束缚在一起。根据汤川的估算，这种粒子的质量大约相当于电子的200倍，或者说核子的十分之一，因此它们被命名为'mesatrons'。但维尔纳·海森堡的父亲——他是一位古典语言学教授——反对这个名字，他认为这是对希腊语的冒犯。你看，'电子'这个词来自希腊语里的'ήλεκτρον'，意思是'琥珀'；'质子'则是希腊语中的'πρώτον'，意思是'第一'。但汤川起的这个名字却源自希腊语里的'μέσον'，意思是'中间'，而且这个单词里没有字母'r'。所以，在一次国际性的物理学大会上，海森堡提议，将'mesatron'这个名字改成'meson'。有的法国物理学家表示反对，因为'meson'的发音和法语里的'maison'（家，或者房子）十分相似。但他们的意见被驳回了，现在'meson'（介子）已经成为这种神秘粒子的正式名称。快看那边的舞台！他们正好准备了一场介子表演。"

的确，六名艺伎出现在舞台上，开始表演杂耍：她们的左右手各端着一个碗，一个球在两个碗之间来回颠动。背景中浮现出一张男人的脸，他放声唱道：

介子为我赢得了诺贝尔奖，
对此我不愿自吹自擂。
$\lambda 0$，横滨，
$\eta \kappa$ 介子，富士山——
介子为我赢得了诺贝尔奖。

有人提出，我们可以给介子起个日语名字，就叫"汤川子"。
但我没有同意，因为我是一个很谦虚的人。
$\lambda 0$，横滨，
$\eta \kappa$ 介子，富士山——
有人提出，我们可以叫它"汤川子"。

"不过这几位艺伎为什么分成了三对？"汤普金斯先生问道。

介子 为我 赢得了 诺贝尔 奖, 对此

我 不愿 自吹自擂。 λ0, 横滨, ηκ 介子,

富士山—— 介子 为我 赢得了 诺贝尔 奖。

"她们代表着介子交换的三种可能性。"教授回答，"介子可能分为三种：一种带正电，一种带负电，还有一种不带电。或许这三种介子对强核力的产生都有贡献。"

"所以现在，基本粒子共有八种。"汤普金斯先生掰着指头数道，"中子，质子（包括正的和负的），正负电子，再加上三种介子。"

"不不不！"教授立即纠正，"基本粒子肯定不止八种，八十种还差不多。首先，我们已经发现了两种介子：一种比较重，一种比较轻，我们分别用希腊字母 π 和 µ 来指代它们，将之命名为'π 介子'和'µ 介子'[①]。超高能质子撞击空气中的气体原子核时会制造出弥漫的'气团'，π 介子就诞生在这样的气团边缘。但这种粒子很不稳定，所以它们在到达地球表面之前就会自发破碎，形成 µ 子和——所

[①] 后来科学家发现，所谓的"µ 介子"其实不参与强相互作用，它是一种轻子，所以我们将它更名为"µ 子"。

有粒子中最神秘的——中微子，后者既没有质量，也不带电，只是单纯地携带能量而已。μ子的寿命比π介子长一点，差不多有几微秒，所以它能抵达地球表面，在我们的眼皮子底下发生衰变，产生普通的电子和两个中微子。除了π介子和μ子以外，我们还发现了以希腊字母κ命名的'κ介子'。"

三位艺伎正在表演奇怪的杂耍

"这几位正在表演的艺伎用的是什么粒子？"汤普金斯先生追问。

"噢，可能是π介子，这种不带电的粒子最重要，但我也说不准。现在几乎每个月都有新的粒子被发现，其中大部分粒子的寿命极短：这些粒子以光速运动，但它们在离开诞生地几厘米后就会发生衰变，所以就算我们用气球将测量设备送到空中，也没法找到它们的踪迹。

"不过现在，我们有了强大的粒子加速器，它能将质子加速到等同于宇宙射线的高能状态：每个质子携带的能量高达几十亿电子伏。我们附近的小山顶上就有一台这样的设备，它名叫'劳伦斯加速器'，我很乐意带你去看看。"

他们开车走了没多远就来到了那幢安放粒子加速器的大房子门外。刚走进大门，汤普金斯先生立即折服于这台设备的复杂程度。不过，教授向他保证，从原理上说，这台加速器并不比神话中大卫用来杀死歌利亚的弹弓更复杂。带电粒子进入加速器巨型鼓状结构中央，然后沿着向外发散的螺线轨迹运动，在这个过程中，交变电脉冲会对粒子进行加速，同时强磁场会将它束缚在既定的轨道上。

"我以前好像见过这样的东西，"汤普金斯先生说，"我参观过回旋加速器，几年前他们用这个名字来称呼那台'原子对撞机'。"

"噢，是的，"教授回答，"你以前见过的那台机器最初是由劳伦斯博士发明的。你眼前这台加速器和它的原理完全相同，但现在的设备能将粒子加速到几十亿电子伏的能级，而不仅仅是几百万电子伏。最近美国人造了两台这样的加速器，其中加州伯克利的那台被命名为'十亿级加速器'（Bevatron），因为它能制造出能量高达几十亿电子伏的粒子。这是个典型的美国式名字，因为在美式英语里，'Billion'这个词代表十亿，而在英国，这个词的意思是

'一百万乘以一百万'，所以在英格兰，目前还没有人尝试过冲击这个数字。美国的另一台粒子加速器位于长岛的布鲁克海文，它名叫'宇宙射线级加速器'（Cosmotron），这个名字多少有些夸张，因为天然宇宙射线蕴含的能量通常远高于这台加速器制造出来的粒子。欧洲人也在日内瓦附近的欧洲核子研究中心（CERN）建造了不亚于美国那两台的加速器。俄罗斯的莫斯科附近还有一台类似的设备，人们通常称之为'赫鲁晓夫加速器'，不过现在他们大概已经改叫它'勃格日涅夫加速器'了。"

汤普金斯先生环顾四周，发现一扇门上挂着一块牌子，上面写着：

阿尔瓦雷茨的液氢浴设备

"那是什么？"他问道。

"噢！"教授回答，"这台劳伦斯加速器正在不断制造出能量越来越高的各种基本粒子，科学家必须观察它们的运动轨迹，计算它们的质量、寿命、相互作用和其他诸多特性（例如奇异性和对称性）。以前物理学家利用 C. T. R. 威尔逊发明的云室（1927 年，威尔逊因为这项发明获得了诺贝尔奖）来观察粒子，那时候他们研究的高速带电粒子携带的能量只有几百万电子伏。带有玻璃盖的云室里充满了近乎饱和的水蒸气，云室底板快速向下运动的时候，云室内的空气会因膨胀而冷却，水蒸气也进入了过饱和状态，因此部分水蒸气必然被迫凝成细小的液滴。威尔逊发现，这种水蒸气凝结的过程在离子（例如带电气体粒子）周围进行得快得多，而云室中的气体会沿着带电入射粒子的运动轨迹形成大量离子，这样一来，云室中就会形成一缕雾蒙蒙的条带，在云室侧面光源的照射下，黑色底板上的雾带清晰可见。你肯定记得我在上次讲座中演示过的那几张照片。

"事到如今，宇宙射线粒子携带的能量比云室那个年

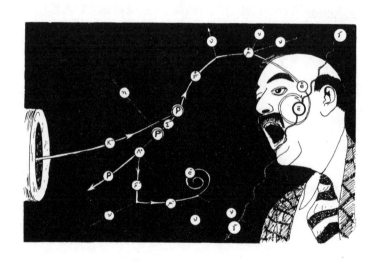

粒子像兔子一样"繁殖"

代我们观察的粒子要大好几千倍，所以现在的情况完全不一样了。这些高能粒子的运动轨迹很长，但充满空气的云室太小，根本无法追踪它们的完整运动历程，所以我们只能观察到它的一小部分路径。

"最近，年轻的美国物理学家唐纳德·A.格拉泽（Donald A. Glaser）在这个方向上做出了一大突破，这也让他赢得了1960年的诺贝尔奖。根据格拉泽的说法，当时他闷闷不乐地坐在一间酒吧里，盯着啤酒瓶中冉冉上升的气泡发呆。就在这时候，他突然想到，既然C. T. R.威尔逊能利用气体中的液滴来做研究，为什么我就不能进一步利用液体中的气泡呢？我不打算深入讨论格拉泽的技术细节，"教授继续说道，"或者设计这样的设备到底有多难，反正你也听不懂。总而言之，要达到理想的效果，这种名为'气泡室'的设备只能填充液氢，这种液体的温度大约比水的冰点低550华氏度。那间屋子里装的就是路易斯·阿尔瓦雷茨建造的一个大型容器，里面装满了液氢，人们通常叫它'阿尔瓦雷茨的浴缸'。"

　　"哇哦……听起来可真够冷的！"汤普金斯先生叹道。

　　"噢，你不必亲自走进房间，只需要隔着透明的墙壁观察粒子的运动轨迹就好。"

　　浴缸正在如常工作，周围安放的几台闪光相机也在不断拍摄连续快照。这个浴缸安放在一个巨大的电磁铁内部，后者提供的磁场能够扭转粒子的运动轨迹，以便于科学家估算它们的运动速度。

　　"拍一张照片只需要几分钟。"阿尔瓦雷茨介绍说，"只要设备不出问题，每天我们都能拍几百张照片。实验者必须仔细查看每张照片，深入分析每一条轨道，精确测量它的弧度。每张照片可能需要花费几分钟到一个小时的时间，具体取决于照片的有趣程度，以及姑娘们的工作速度。"

"你刚才说'姑娘们'？"汤普金斯先生打断了他的话，"难道这个职位仅限女性吗？"

"噢，不是的。"阿尔瓦雷茨回答，"这些'姑娘'其实有很多是男孩。不过在这个行当里，我们用'姑娘'来称呼他们，这无关性别，只是为了简化用词而已。比如说，提到'打字员'或者'秘书'，你心里想的肯定是女性。要分析实验室的这么多照片，我们需要成百上千位姑娘，这无疑是个大麻烦。所以我们将很多照片分发给了那些没有足够的资金修建劳伦斯加速器和气泡浴设备，但却买得起照片分析设备的大学。"

"这项工作只有你们这儿在做吗？"汤普金斯先生追问道。

"啊，不是的！纽约长岛的布鲁克海文国家实验室、瑞士日内瓦附近的 CERN（欧洲核子研究中心）实验室和俄罗斯莫斯科附近的胡桃夹子实验室都有类似的设备。他们的任务无异于大海捞针，不过幸运的是，他们时不时总能捞到一根！"

"可我们费这么大劲到底是为了什么呢？"汤普金斯先生好奇地问道。

"为了找到新的基本粒子，这项任务比大海捞针还难。

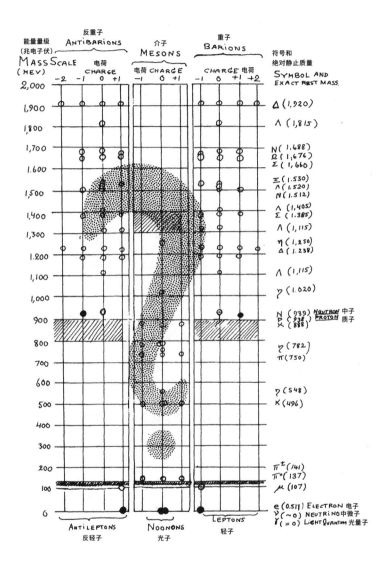

比门捷列夫的元素周期表还要复杂！(引自《科学美国人》,1964 年 2 月号,G.F. 周,M. 吉尔曼和 A.H. 罗森菲尔德)

除此以外，我们还得研究基本粒子之间的相互作用。这边墙上挂着一幅基本粒子图表，现在我们发现的基本粒子种类已经比门捷列夫周期表里的元素还多了。"

"可是寻找新粒子为什么这么难？"汤普金斯先生追问。

"呃，这就是科学。"教授回答，"人类试图用头脑理解周围的一切，无论是浩渺的星系，还是微观的细菌，又或者现在我们讨论的基本粒子。这是一件激动人心又妙趣横生的事情，所以我们乐此不疲。"

"可是我们发展科学难道不是为了拓展它的实用价值吗？譬如说，让我们的生活变得更舒适，或者提高大众的福祉？"

"科学当然有这方面的用途，但这并不是它的主要目标。难道你觉得音乐的首要目标是让号手在清晨唤醒士兵、提醒他们用餐，或者命令他们投入战斗吗？人们常说，'好奇心会杀死猫'，但我更愿意说，'好奇心造就了科学家'。"

说完这几句话，教授向汤普金斯先生道了晚安。

(全书完)

致谢

感谢下列机构允许我使用有版权的素材：爱德华·B.马克斯音乐公司允许我使用《歌唱时间》节目中《来啊，你们都忠实》（改编为"噢，原初的原子"）和《统治吧，不列颠尼亚！》（改编为"宇宙，天堂的裁决"）两支曲目；麦克米伦公司允许我使用 P168 的插图 A，这幅图出自 W.H.布拉格爵士和 W.L.布拉格的著作《晶态》。

关于这两本书的部分评论反馈

强烈推荐给对科学感兴趣的读者及普通读者。

——《曼彻斯特卫报》

本书不光富有娱乐性，普通读者还能从中学到许多关于亚原子粒子——电子、中子等——及其古怪行为规则的知识。

——《观察家报》

天马行空的想象力，而且十分科学。

——《科学美国人》

物理学家可以欣赏书中介绍的诸多物理理论和事实，许多恰当的比喻将令他们欣然解颐；科学专业的学生也将满载而归，因为本书为现代物理教科书提供了良好的补充；而普通读者会发现这本书十分有趣，引人入胜……

——《数学手稿》

物理世界奇遇记

作者 _ [美]乔治·伽莫夫　　译者 _ 阳曦

产品经理 _ 黄迪音　　装帧设计 _ 朱大锤　　产品总监 _ 李佳婕

技术编辑 _ 顾逸飞　　责任印制 _ 刘世乐　　出品人 _ 许文婷

营销团队 _ 王维思　　物料设计 _ 朱大锤

鸣谢（排名不分先后）

王维剑　李仲琳　付诗意

果麦
www.guomai.cc

以 微 小 的 力 量 推 动 文 明

图书在版编目（CIP）数据

物理世界奇遇记 / （美）乔治·伽莫夫著 ；阳曦译
. -- 北京 ：台海出版社，2021.5（2023.2重印）
ISBN 978-7-5168-2912-7

Ⅰ．①物… Ⅱ．①乔… ②阳… Ⅲ．①物理学－普及
读物 Ⅳ．①04-49

中国版本图书馆CIP数据核字(2021)第036905号

物理世界奇遇记

著　　者：（美）乔治·伽莫夫　　　　译　　者：阳　曦

出 版 人：蔡　旭　　　　　　　　　封面设计：朱大锤
责任编辑：俞滟荣

出版发行：台海出版社
地　　址：北京市东城区景山东街 20 号　邮政编码：100009
电　　话：010-64041652（发行，邮购）
传　　真：010-84045799（总编室）
网　　址：www.taimeng.org.cn/thcbs/default.htm
E - ma i l：thcbs@126.com

经　　销：全国各地新华书店
印　　刷：北京世纪恒宇印刷有限公司
本书如有破损、缺页、装订错误，请与本社联系调换

开　本：880 毫米×1230 毫米　　　1/32
字　数：145 千字　　　　　　　　印　张：7.25
版　次：2021 年 5 月第 1 版　　　印　次：2023年2月第6次印刷
书　号：ISBN 978-7-5168-2912-7

定　价：49.80 元

版权所有　　　翻印必究